U0033775

國防部
參謀會報紀錄
（1946）

General Staff Meeting Minutes,
Ministry of National Defense, 1946

陳佑慎　主編

導讀

陳佑慎　國家軍事博物館籌備處史政員
　　　　國防大學通識教育中心兼任教師

一、前言

　　1946 至 1949 年間，中國大陸 900 餘萬平方公里土地之上，戰雲籠罩，兵禍連結，赤焰蔓延，4 百餘萬（高峰時期數字）國軍部隊正在為中華民國政府的存續而戰。期間，調度政府預算十分之七以上，指揮大軍的總樞——中華民國國防部，以 3 千餘名軍官佐的人員規模（不含兵士及其他勤務人員），辦公廳舍座落於面積 2.3 公頃的南京原中央陸軍軍官學校建築群。[1] 這一小片土地上的人與事，雖不能代表全國數萬萬同胞的苦難命運，卻足以作為後世研究者全局俯瞰動盪歲月的切入視角。

　　如果研究者想以「週」作為時間尺度，一窺國防部 3 千餘軍官佐的人與事，那麼，本次出版的國防部「部務會報」、「參謀會報」、「作戰會報」紀錄無疑是十分有用的史料。國防部是一個組織複雜的機構，當時剛剛仿效美軍的指揮參謀模式，成立了第一廳（人事）、第二廳（情報）、第三廳（作戰）、第四廳（後勤）、

1　關於國防部成立初期的歷史圖景，參閱拙著《國防部：籌建與早期運作（1946-1950）》（臺北：民國歷史文化學社，2019）相關內容。

第五廳（編訓）、第六廳（研究與發展）等所謂「一般參謀」（general staff）單位，以及新聞局、民事局（二者後併為政工局）、監察局、兵役局、保安局、測量局、史政局等所謂「特業參謀」（special staff）單位。上述各廳各局的參謀軍官群體，平時為了研擬行動方案，討論行動方案實施辦法，頻繁召開例行性的會議。本系列收錄的內容，就是他們留下的會議紀錄。

　　國防部也是行政院新成立的機關，接收了抗日戰爭時期國民政府軍事委員會、行政院軍政部的業務。過去，民國歷史文化學社曾經整理出版《抗戰勝利後軍事委員會聯合業務會議會報紀錄》、《軍政部部務會報紀錄（1945-1946）》等資料。它們連同本次出版的國防部部務會報、參謀會報、作戰會報，都是國軍參謀軍官群體研擬行動方案、討論行動方案實施辦法所留下的足跡，反映抗日戰爭、國共戰爭不同階段的時空背景。讀者如有興趣，可以細細體會它們的機構性質，以及面臨的時代課題之異同。

　　國防部的運作，在 1949 年產生了劇烈的變化。1948 年 12 月起，由於國軍對共作戰已陷嚴重不利態勢，國防部開始著手機構本身的「轉進」。這個轉進過程，途經廣州、重慶、成都，最終於 1949 年 12 月底落腳臺灣臺北；代價是過程中國防部已無法正常辦公，人員絕大多數散失，設備僅只電台、機密電本、檔案等重要公物尚能勉強運出。也因此，本系列收錄的內容，多數集中在 1948 年底以前。至於機構近乎完全解體、百廢待舉的國防部，如何在 1950 年的臺灣成功東山再

起？那又是另一段波濤起伏的故事了。

二、國防部會報機制的形成過程

　　在介紹國防部部務會報、參謀會報、作戰會報的內容以前，應該先回顧這些會報的形成經過，乃至於國軍採行這種模式的源由。原來，經過長時間的發展，大約在 1930 年代，國軍為因應高級機關特有的業務龐雜、文書程序繁複、指揮鈍重等現象，逐漸建立了每週、每日或數日由主官集合各單位主管召開例行性會議的機制，便於各單位主管當面互相通報彼此應聯繫事項，讓主官當場作出裁決，此即所謂的會報。這些會報，較之一般所說的會議，更為強調經常性的溝通、協調功能。若有需要，高級機關可能每日舉行 1 至 2 次，每次 10 到 15 分鐘亦可。[2]

　　例如，抗日戰爭、國共戰爭期間，國軍最高統帥蔣介石每日或每數日親自主持「官邸會報」，當場裁決了許多國軍戰守大計，頗為重要。可惜，該會報的原始史料目前僅見抗戰爆發前夕、抗戰初期零星數則。[3] 曾經擔任軍事委員會軍令部第一廳參謀、國防部第三廳（作戰廳）廳長，參加無數次官邸會報的許朗軒，在日後生動地回憶會報的進行方式，略云：

2　「會議會報調整辦法」，〈軍事委員會最高幕僚會議案（二十九年）〉，《國軍檔案》，檔號：29 003.1/3750.5。

3　抗戰時期官邸會報的運作模式，蘇聖雄已進行過分析，參見蘇聖雄，《戰爭中的軍事委員會：蔣中正的參謀組織與中日徐州會戰》（臺北：元華文創，2018），頁 68-83。國共戰爭時期及其後的官邸會報情形，參見陳佑慎，《國防部：籌建與早期運作（1946-1950）》，頁 129-138。

作戰簡報約於每日清晨五時在（蔣介石官邸）兵棋室舉行。室內四周牆壁上，滿掛著覆有透明紙的的大比例尺地圖。在蔣公入座以前，參謀群人員必須提早到達，各就崗位，進行必要準備。譬如有的人在透明紙上，用紅藍色筆標示敵我戰鬥位置、作戰路線以及重要目標等……。一陣緊張忙碌之後，現場暫時沉寂下來，並顯出幾分肅穆的氣氛。斯時蔣公進入兵棋室，行禮如儀後，簡報隨即開始。先由參謀一人或由主管科長，提出口頭報告，對於有敵情的戰區，如大會戰或激烈戰鬥正在進行的情形，作詳細說明，其他無敵情的戰區則從略。蔣公於聽取報告後，針對有疑問的地方，提出質問，此時則由報告者或其他與會人員再做補充說明。或有人提出新問題，引起討論，如此反覆進行，直到所有問題均獲得意見一致為止。最後蔣公則基於自己內心思考、分析與推斷，在作總結時，或採用參謀群提報之行動方案，或對其行動方案略加修正，或另設想新戰機之可能出現，則指示參謀群進行研判，試擬新的行動方案。簡報進行至此，與會人員如無其他意見，即可散會。此項簡報，大約在早餐之前，即舉行完畢。[4]

蔣介石在官邸會報採用、修正或指示重新研擬的行動方案，必須交由軍事委員會各部或其他高級機關具體辦理。反過來說，軍事委員會各部或其他高級機關也可

4　許承璽，《帷幄長才許朗軒》（臺北：黎明文化，2007），頁48-49。

能主動研擬另外的行動方案，再次提出於官邸會報。
而軍事委員會各部與其他高級機關不論是執行、抑或研
擬行動方案，同樣得依靠會報機制。例如，抗日戰爭
期間，軍事委員會參謀總長何應欽親自主持「作戰會
報」，源起於 1937 年 8 月軍事委員會改組為陸海空軍
大本營（後取消，仍維持以軍事委員會為國軍最高統帥
部），而機構與組織仍概同各國平時機構，未能適合戰
時要求，遂特設該會報解決作戰事項。軍事委員會作戰
會報的原始紀錄，一部分收入檔案管理局典藏《國軍檔
案》中，有興趣的讀者不妨一讀。

再如，前面提到，民國歷史文化學社業已整理出版
的《抗戰勝利後軍事委員會聯合業務會議會報紀錄》，
則是抗日戰爭結束之初的產物。當時，蔣介石親自主
持的官邸會報照常舉行，依舊為國軍最高決策中樞；
軍事委員會的作戰會報，因對日作戰結束，改稱「軍
事會報」，仍由參謀總長或其它主要官長主持，聚焦
「綏靖」業務（實即對共作戰準備）；軍事委員會別設
「聯合業務會報」（1945 年 10 月 15 日前稱聯合業務
會議），亦由參謀總長或其它主要官長主持，聚焦軍事
行政及一般業務。[5] 以上所舉會報實例，決策了許多國
軍重大政策方針。至於民國歷史文化學社另外整理出版
的《軍政部部務會報紀錄（1945-1946）》，讀者則可
一窺更具體的整軍、接收、復員、裝備、軍需、兵工、

5 陳佑慎主編，《抗戰勝利後軍事委員會聯合業務會議會報紀錄》
（臺北：民國歷史文化學社，2020），導讀部分。

軍醫等業務的動態執行過程。[6]

　　及至 1946 年 6 月 1 日，國民政府軍事委員會、軍事委員會所屬各部，以及行政院所屬之軍政部，均告撤銷，業務由新成立的行政院國防部接收辦理。這是國軍建軍史上的一次重大制度變革。因此，除去官邸會報不受影響以外，其餘軍事委員會聯合業務會報、軍事委員會軍事會報、軍政部部務會報都不再召開，代之以新的國防部部務會報、參謀會報、作戰會報。國防部部務會報由國防部長主持，參謀會報與作戰會報由新制的國防部參謀總長（職權和舊制軍事委員會參謀總長大不相同）主持。前揭三個會報的紀錄，構成了本系列的主要內容。

　　事實上，國軍高級機關在大陸時期經常舉行會報的作法，延續到了今天的臺灣，包括筆者所供職的臺北大直國防部。儘管，隨著時間發展、軍事制度調整，國軍各種會報的名稱持續出現變化。再加上歷任主事者行事風格的差異，各種會報不論召開頻率、會議形式、實際功效等方面，都不能一概而論。不過，會報機制帶有的經常召開性質，可供各單位主管當面互相通報彼此應聯繫事項、再由主官當場裁決的功能，大致始終如一。也因此，對研究者來說，只要把梳某一機關的會報紀錄，就能在很大程度上綜覽該機關的業務，並且可以每週、數日為時間尺度，勾勒這些業務如何因時應勢地執行。

6　陳佑慎主編，《軍政部部務會報紀錄（1945-1946）》（臺北：民國歷史文化學社，2021），導讀部分。

三、國防部部務、參謀、作戰會報的實施情形

本次整理出版的國防部部務會報、參謀會報、作戰會報，具體的實施情形為何呢？1948 年 6 月 9 日，國防部第三廳（作戰廳）廳長羅澤闓曾經歸納指出：部務會報與部本部會報（部本部會報紀錄本系列並未收錄，後詳）「專討論有關軍政業務」，作戰會報「專討論有關軍令業務」，參謀會報「專討論軍令軍政互相聯繫事宜」。[7]

如果讀者閱讀羅澤闓的歸納後，仍然感到困惑，其實並不會讓人覺得詫異。1946 年 8 月，空軍總司令周至柔在參加了幾次國防部不同的會報後，同樣抱怨「本部（國防部）各種會報，根據實施情形研究，幾無分別」，要求「嚴格區分性質，規定討論範圍」（部務會報紀錄，1946 年 8 月 17 日）。問題歸根究底，國軍各種會報大多是在漫長時間逐漸形成的產物，實施情形也常呈現混亂結果。而就國防部各種會報來說，真正一眼可判的分別，並非會議的討論議題範圍，其實是參與人員的差異。

各種會報參與人員的差異，直接受到機關主官職權、組織架構的影響。1946 年 6 月 1 日成立的國防部，對比她的前身國民政府軍事委員會，主官職權與組織架構均有極大的不同。軍事委員會以委員長為首長，委員長總攬軍事委員會一切職權。反之，國防部在成立初期

7　「第三廳廳長羅澤闓對國防部業務處理要則之意見」（1948 年 6 月 9 日），〈國防部及所屬單位組織職掌編制案〉，《國軍檔案》，檔號：581.1/6015.9。

階段，雖然國防部長地位稍高於國防部參謀總長（以下簡稱參謀總長，不另註明），但實質上國防部長、參謀總長兩人都可目為國防部的首長。國防部長向行政院長負責，執掌所謂「軍政」。參謀總長直接向國家元首（先後為國民政府主席、總統）負責，執掌所謂「軍令」。時人有謂「總長不小於部長，不大於部長，亦不等於部長」，[8] 語雖戲謔，卻堪玩味。

　　國防部長本著「軍政」職權，主持國防部「部本部」的工作，平日公務可透過「部本部會報」解決。參謀總長本著「軍令」職權，主持國防部「參謀本部」的工作，平日公務可透過「參謀會報」、「作戰會報」解決。原則上部本部人員不參加參謀會報、作戰會報，參謀本部人員不參加部本部會報。部本部與參謀本部倘若遇到必須聯繫協調事項，則透過國防部長主持的「部務會報」解決。（部務會報紀錄，1946 年 8 月 17 日、1947 年 4 月 12 日）

　　至於所謂「軍政」、「軍令」的具體分野為何？或者更確切地說，部本部、參謀本部的業務劃分究竟如何？國防部長和參謀總長的職權關係係究竟如何？這些問題，從 1946 年起，迄 2002 年國防二法實施「軍政軍令一元化」制度以前，長年困擾我國朝野，本文無法繼續詳談。不過，至少在本系列聚焦的 1946 至 1949 年範

8　「立法委員對本部組織法內容批評之解釋」（1948 年 3 月），〈國防部及所屬單位組織職掌編制案〉，《國軍檔案》，檔號：581.1/6015.9；「抄國防部組織法審核報告」，〈國防部組織法資料彙輯〉，《國軍檔案》，檔號：581.1/6015.10。

圍內，參謀總長主持的參謀本部實質上才是國防部主
體，國防部長直屬的部本部則編制小，職權難伸，形
同虛設。[9] 1948 年 7 月 1 日，部長辦公室主任華振麟甚
至在部本部會報上提出：部本部「決策與重要報告不
多」，部本部會報可從每週舉行一次改為每兩週舉行一
次。當時的國防部長何應欽，即席表示同意。[10] 此一部
本部會報紀錄，本系列並未收錄。

　　相較於部本部會報「決策與重要報告不多」，由參
謀總長主持，召集參謀本部各單位參加的參謀會報與作
戰會報，就顯得忙碌而緊張了。國防部成立之初，原訂
每星期召開兩次參謀會報，不久改為每星期召開各 1 次
的參謀會報與作戰會報（參謀會報紀錄，1946 年 6 月
25 日）。兩個會報的主持人員、進行方式大抵類同，
主要差別在於作戰會報專注於作戰方面，而參謀會報除
了不涉實際作戰指揮外，基本上含括了人事、情報、後
勤、編制、科學科技研究、政工、監察、民事、軍法、
預算、役政、測繪、史政等項（是的，包含史政在內，
在當時，參謀本部實際負責了國防部絕大部分業務）。

　　軍令急如星火，軍情瞬息萬變，蔣介石及其他國軍
高層面對國防部的各種會報，事實上是較為重視作戰
會報。1947 年 11 月，國防部一度研議，將作戰會報移
至蔣介石官邸舉行（作戰會報紀錄，1947 年 11 月 17

9　「袁同疇上何應欽呈」（1948 年 6 月 18 日），〈國防部及所屬
　　單位職掌編制案〉，《國軍檔案》，檔號：581.1/6015.9。
10　「國防部部本部會報紀錄」（1948 年 7 月 1 日），〈國防部部本
　　部會報案〉，《國軍檔案》，檔號：003.9/6015.5。

日）。而自同年 12 月起，至翌年 3 月初，蔣介石本人不僅親自赴國防部主持作戰會報，且每週進行 2 次，較國防部原訂的每週 1 次更為頻繁。饒富意味地，在這段時間，蔣氏在日記常留下主持國防部「部務」的說法，例如 1947 年 12 月 13 日記曰：「到國防部部務會議主持始終，至十三時後方畢；自信持之以恆，必有成效也」，1948 年 1 月 22 日記曰：「國防部會議自覺過嚴，責備太厲，以致部員畏懼，此非所宜」等。[11] 筆者比對日記與會議紀錄時間後，確信蔣氏所謂的「部務會議」並非指國防部的部務會報，實指作戰會報。

1948 年 9 月底，蔣介石復邀請美國軍事顧問團團長巴大維（David Goodwin Barr）出席國防部作戰會報。巴大維表示同意，並實際參加了會議。然而，短短一年不到，1949 年 8 月，美國國務院發表《中美關係白皮書》（*United States Relations with China: With Special Reference to the Period 1944-1949*），竟以洋洋灑灑以數十頁篇幅，披露巴大維參加國防部作戰會報的細節。美國之所以如此，出於當時國共戰爭天秤已傾斜中共一方，國務院亟欲透過會議紀錄強調：巴大維的戰略戰術建議多未得蔣氏採納，國軍的不利處境應由中方自負其責。[12]

另應一提的是，國防部作戰會報專討論軍令事務，本係參謀總長的職責，故應由參謀總長主持。這個原則，

---

11 《蔣介石日記》，未刊本，1947 年 12 月 13 日、1948 年 1 月 22 日。另見 1948 年 1 月 24、31 日，1 月反省錄，2 月 2 日等處。

12 United States. Dept. of State ed., *United States Relations with China: With Special Reference to the Period 1944-1949* (St. Clair Shores, Mich.: Scholarly Press, 1971), pp. 274-332.

在 1948 年逐漸鬆動了。是年 3、4 月間，蔣介石曾多次委請白崇禧以國防部長身份主持作戰會報。不久之後，何應欽繼任國防部長職，也有多次主持作戰會報的紀錄。

不過，國防部長開始主持作戰會報的情形，基本上是屬於人治的現象，並非意味參謀總長執掌軍令的制度已遭揚棄。1948 年 12 月 22 日，徐永昌繼任國防部長職。翌年 2 月 9 日，參謀次長林蔚因參謀總長顧祝同赴上海視察，遂請徐永昌主持作戰會報。徐永昌允之，卻感「本不應出席此會」。[13]

四、國防部部務、參謀、作戰會報紀錄的史料價值

以上，說明了國防部部務會報、參謀會報、作戰會報的大致參加人員與實施情形，當中又以作戰會報攸關軍情，備受蔣介石及其他國軍高層重視。如果研究者能夠同時參考官邸會報（因缺少紀錄原件，僅能運用側面資料）、國防部各個會報、國防部其他非例行性會議的紀錄，再加上其他史料，可以很立體地還原國軍諸多重大決策過程。這些決策過程的基本輪廓，即為國防部各個會報根據蔣介石指示、官邸會報結論等既定方針，討論具體實行辦法，或者反過來決議向蔣氏提出修正意見。

例如，1946 年 7 月 5 日，國防部作戰會報討論「主席（國民政府主席蔣介石）手令指示將裝甲旅改為快

---

13 徐永昌撰，中央研究院近代史研究所編，《徐永昌日記》（臺北：中央研究院近代史研究所，1990-1991），第 9 冊，頁 230，1949 年 2 月 9 日條。

速部隊」一案，決議「查各該部隊大部已編成，如再變
更，影響甚大。似可維持原計畫辦理，一面在官邸會報
面報主席裁決」（作戰會報紀錄，1946 年 7 月 6 日）。
再如，濟南戰役期間，1948 年 9 月 15 日，國防部作戰
會報根據蔣介石增兵濟南城的指示，[14] 具體研議「空
運濟南兵員、械彈及糧服，應按緊急先後次序火速趕
運」。22 日（按：隔天濟南城陷），復討論「空投濟
南之火焰放射器，應簽請總統核示後再行決定」等問題
（作戰會報紀錄，1948 年 9 月 15、22 日）。

　　又如，1948 年 11 月上旬，國軍黃百韜兵團 6 萬餘
官兵，連同原第九綏靖區撤退之軍民 5 萬餘人，於碾
莊地區遭到共軍分割包圍，[15] 揭開了徐蚌會戰的慘烈序
戰。11 月 10 日上午，蔣介石召開官邸會報，決定會戰
大計，裁示徐州地區國軍應本內線作戰方針，黃百韜兵
團留碾莊固守待援，邱清泉等兵團向東轉移，先擊破運
河西岸共軍陳毅部主力。[16] 同日下午，國防部便續開作
戰會報，討論較具體的各種措施，含括參謀次長李及蘭
力主繼續抽調華中剿匪總司令部所屬張淦兵團增援徐州
（而不是僅僅抽調黃維兵團東援）、國防部長何應欽裁
示「徐州糧食應作充分儲備，並即撥現洋，就地徵購，

---

14 《蔣介石日記》，未刊本，1948 年 8 月 26 日、9 月 11 日、9 月
　　15 日等處。
15 「黃百韜致蔣中正電」（1948 年 11 月 12 日），《蔣中正總統文
　　物》，國史館藏，典藏號：002-090300-00193-114。
16 《蔣介石日記》，未刊本，1948 年 11 月 10 日；杜聿明，〈淮
　　海戰役始末〉，中國人民政治協商會議全國委員會文史資料研
　　究委員會編，《淮海戰役親歷記》（北京：文史資料出版社，
　　1983），頁 12-14。

能購多少算多少」等（作戰會報紀錄，1948 年 11 月
10 日）。[17]

　　其後，國軍各兵團在徐蚌戰場很快陷入絕境。11
月 25 日，國防部作戰會報研討黃維兵團被圍、徐州危
局等問題，決議繼續空投或空運糧彈，[18] 但可能已經爭
論徐州應否放棄。28 日，徐州剿匪副總司令杜聿明自
前線飛返南京，參加官邸會報。官邸會報上，蔣終於拍
板決定撤守徐州，各兵團向南戰略轉進。會報進行過程
中，杜因「疑參謀部（按：指參謀本部）有間諜洩漏
機密」，不肯於會議上陳述腹案，改單獨向蔣報告並
請示。[19] 隨後，杜飛返防地，著手依計畫指揮各兵團轉
進，惟進展仍不順利。12 月 1 日，國防部再開作戰會
報，遂決議「空軍應盡量使用燒夷殺傷彈，對戰場障礙
村落尤須徹底炸毀，並與前方指揮官切實聯繫，集中重
點轟炸」。[20]

　　關於國防部作戰會報呈現的作戰動態過程，本文限
於篇幅不能再多舉例，有興趣的讀者可自行繼續發掘。
「軍以戰為主，戰以勝為先」，這部分的內容如果較吸
引人們重視，是極其自然之事。不過，我們也不應忽

---

17 「薛岳上蔣中正呈」（1948 年 11 月 11 日），《蔣中正總統文物》，
　國史館藏，典藏號：002-080200-00545-060。

18 另參見「國防部作戰會報裁決事項」（1948 年 11 月 25 日），《蔣
　中正總統文物》，國史館藏，典藏號：002-080200-00337-065。

19 《蔣介石日記》，未刊本，1948 年 11 月 28 日。

20 United States. Dept. of State ed., *United States Relations with China: With
　Special Reference to the Period 1944-1949*, pp. 334-335；「國防部作戰會
　報裁決事項」（1948 年 11 月 25 日、12 月 1 日），《蔣中正總統
　文物》，國史館藏，典藏號：002-080200-00337-065。

略，國防部本質上也是一個龐大的官僚機構。1948年3月，國防部政工局局長鄧文儀向蔣介石批評：「國防部之工作，重於軍政部門，（國防部）主管編制、人事、預算者似乎可以支配一切事務」，「國防部除作戰指揮命令尚能迅速下達外，其他行政業務猶未盡脫官僚習氣。辦理一件重要公文，如需會稿，常一月不能發出，甚至有遲至三月者」。[21] 鄧文儀的說法即令未盡客觀，卻足以提醒研究者：應多加留意情報、作戰以外的參謀軍官群體及其業務。

例如，1946年6月11日，國防部召開第一次參謀會報，代理主持會議的國防部次長林蔚（參謀總長陳誠因公未到）便指示：「下週部務會報討論中心，指定如次：1. 官兵待遇調整案：由聯合勤務總部準備有關資料及調整方案，以便部長決定向行政院提出。2. 軍隊復員情形應提出報告，由第五廳準備……」（參謀會報紀錄，1946年6月11日）。以後，這些議題還要持續佔用部務會報、參謀會報相當多的篇幅。

又如，1947年12月22日，國防部召開部務會報，席間第二廳（情報廳）副廳長曹士澂提出：「新訂之文書手冊，規定自明年一月一日起實施，本廳已請副官處派員擔任講習。關於所需公文箱、卡片等件，聞由聯勤總部補給。現時期迫切，該項物品尚未辦妥，是否延期實施？」副官處處長陳春霖隨即回應：「公文用品除各

---

21 「鄧文儀上蔣中正呈」（1948年3月12日），《蔣中正總統文物》，國史館藏，典藏號：002-080102-00043-020。

總部規定自辦者外，國防部所屬各單位由聯勤總部補給。此項預算已批准，即可印製，不必延期」（部務會報紀錄，1947 年 12 月 22 日）。

　　前面說的「副官處」，為國防部新設單位，職掌是人事資料管理，以及檔案、軍郵、勤務、收發工作等，正在美國軍事顧問協助下，主持推動軍用文書改革與建立國軍檔案制度。他們首先著手調整「等因奉此」之類的文書套語，並將過去層層轉令的文件改由國防部集中複製發佈。當時服役軍中的作家王鼎鈞，日後回憶說：「那時國防部已完成軍中的公文改革，廢除傳統的框架、腔調和套語，採用白話一調一條寫出來，倘有圖表或大量敘述，列為附件。國防部把公文分成幾個等級，某一級公文遍發每某一層級的單位，不再一層一層轉下去。我們可以直接收到國防或聯勤總部的宣示，鉛印精美，套著紅色大印，上下距離驟然拉近了許多」。[22]

　　無可諱言地，不論是軍用文書改革、官兵待遇調整，抑或部隊復員等案，最終都因為 1949 年國軍戰情急轉直下，局勢不穩，不能得致較良好的成績。類似的案例還有很多，它們多數未得實現，遂為多數世人所遺忘。但即使如此，這類行動方案涵蓋人事、後勤、編制、科學科技研究、政工、監察、民事、軍法、預算、役政、測繪、史政等。凡國防部職掌業務有關者，俱在其中。它們無疑仍是戰後中國軍事史圖景不可或缺的一角，而國防部的部務會報、參謀會報紀錄恰可作為探討

---

22 王鼎鈞，《關山奪路》（臺北：爾雅出版社，2005），頁 240。

相關議題的重要資料。

五、小結

　　對無數的研究者來說，中華民國政府為什麼在1949年「失去大陸」，數百萬國軍為什麼在國共戰爭中遭逢空前未有的慘烈挫敗，是日以繼夜嘗試解答的問題。這個問題太過巨大，永遠不會有單一的答案，也不會有單一的提問方向。但難以否認地，國軍最高統帥蔣介石連同其麾下參謀軍官群體扮演的角色，勢必會是研究者的聚焦點。

　　本系列的史料價值，就在於提供研究者較全面的視野，檢視蔣介石麾下參謀軍官群體如何以集體的形式發揮作用（而且不僅僅於此）。本質上，所有軍隊統帥機構的運作，都是集結眾人智力的結果。即便是蔣氏這樣事必躬親、宵旰勞瘁處理軍務的所謂「軍事強人」領袖，他所拍板的決定，除了若干緊急措置外，不知還要多少參謀軍官手忙腳亂，耗費精力，始能付諸實行。例如，蔣氏若決心發起某方面的大兵團攻擊，國防部第二廳就要著手準備敵情判斷，第三廳必須擬出攻擊計畫，第四廳和聯勤總部則得籌措糧秣補給、彈藥集積。而參謀軍官群體執行工作所留下的足跡，很大部分便呈現在各個會報紀錄的字裡行間之內。

　　誠然，另一批讀者可能還聽過以下的說法：當時國軍的運作，「個人（蔣介石）集權，機構（軍事委員會、國防部）無權」。畢竟蔣介石時常僅僅透過侍從參謀（如軍事委員會委員長侍從室、國民政府軍務

局等）的輔助，繞過了國防部，逕以口頭、電話、手令向前線指揮官傳遞命令，[23] 事後才通知國防部。更何況，即使是前文反覆提到的官邸會報，由於蔣氏以國家元首之尊親自裁決軍務，仍可能因此閒置了國防部長、參謀總長的角色，同樣是反映了蔣氏「個人集權」的統御風格。

1945 至 1948 年間（恰恰與本系列的時間斷限重疊）擔任外交部長的王世杰，曾經形容說「國防部實際上全由蔣（介石）先生負責」。[24] 不惟如是，筆者在前文也花上了一點篇幅，描繪蔣氏如何親自過問國防部的機構運轉，聲稱自己「部務會議主持始終」。[25] 這裡所謂部務會議，不是指本系列收錄的部務會報，而是指本系列同樣有收錄的作戰會報。部務會報也好，作戰會報也罷，蔣介石是國防部「部務」的真正決策者，似乎是難以質疑的結論。

儘管如此，筆者仍要強調，所謂「機構無權」、「實際上全由蔣（介石）先生負責」云云，指的都是機構首長（國防部長、參謀總長）缺乏決定權，而不是指機構（國防部）運作陷入了空轉。研究者不應忽略了參謀軍官群體的作用。蔣介石主持官邸會報，參加者大多

---

23 例見《蔣介石日記》，未刊本，1947 年 1 月 28 日。並參見陳存恭訪問紀錄，《徐啟明先生訪問紀錄》（臺北：中央研究院近代史研究所，1983），頁 139-140；陳長捷，〈天津抗拒人民解放戰爭的回憶〉，全國政協文史資料委員會編，《文史資料選輯》，總第 13 輯（北京：中國文史出版社，1961），頁 28。

24 王世杰，《王世杰日記》（臺北：中央研究院近代史研究所，1990），第 6 冊，頁 163，1948 年 1 月 25 日條。

25 《蔣介石日記》，未刊本，1947 年 12 月 13 日。

數是國防部的參謀軍官群體。蔣介石不論作成什麼樣的
判斷，大部分還是根據國防部第二廳、第三廳所提報的
資料，再加上參謀總長、次長的綜合分析與建議。蔣介
石對參謀軍官群體的各種擬案，可以採用、否決或要求
修正，但在多數情形下依舊離不開原來的擬案。[26]

　　參謀軍官群體研擬的行動方案、對於各種方案的意
見、執行各種方案所得的反饋內容，數量龐大，散佈於
各種檔案文件、日記、回憶錄、訪談錄等史料中，值得
研究者持續尋索。但顯而易見地，本系列提及的各種會
報，是參謀軍官群體研擬方案、研提意見、向層峰反饋
工作成果的重要平台，它們的會議紀錄則是相對集中且
易於使用之史料，值得研究者抱以特別的重視。

　　當前，國共戰爭的烽煙已經遠離，國軍也不復由蔣
介石這樣的軍事強人統領。然而，國共戰爭的影響並未
完全散去，國防部也依舊持續執行它的使命。各國參謀
軍官群體的重要性，更隨著現代戰爭朝向科技化、總
體戰爭化的發展，顯得與日俱增。值此亞太局勢風雲詭
譎、歐陸烏俄戰火燎原延燒之際，筆者撫今追昔，益感
國事、軍事之複雜。謹盼研究者利用本系列內容，並參
照其他史料，綜合考量其他國內外因素，適切理解相關
機制在軍事史上的脈絡，定能更深入地探析近代中國軍
事、政治史事的發展。

---

26 許承璽，《帷幄長才許朗軒》，頁 107-108。

編輯凡例

一、 本書依照開會日期排序錄入。

二、 為便利閱讀，部分罕用字、簡字、通同字，在不影響文意下，改以現行字標示，恕不一一標注。無法辨識之文字，以■表示，原稿留白處，以□表示。

三、 本書史料內容，為保留原樣，維持原「奸」、「匪」、「偽」等用語。

目錄

第一次參謀會報紀錄

時　　間　三十五年六月十一日下午四時至六時半

地　　點　國防部會議室

出席人員　國防次長　　　林　蔚

　　　　　參謀次長　　　郭　懺　范漢傑

　　　　　陸軍總部　　　王　俊

　　　　　海軍總部　　　周憲章

　　　　　空軍總部　　　周至柔

　　　　　聯合勤務總部　黃鎮球

　　　　　各廳局長　　　錢卓倫　鄭介民（龔　愚代）

　　　　　　　　　　　　張秉均　趙一肩（王金科代）

　　　　　　　　　　　　方　天　錢昌祚　鄧文儀

　　　　　　　　　　　　吳　石　徐思平　晏勳甫

　　　　　　　　　　　　趙志垚（紀萬德代）

主　　席　參謀總長（因公未到，國防次長林蔚代）

紀　　錄　張一為　陳光

會報經過
壹、指示事項

一、部務會報，從下週開始，每兩週一次，星期一下
　　午四時舉行，討論內容，應預為指定事項，方免
　　空洞。

二、下週部務會報討論中心，指定如次：

　　1. 官兵待遇調整案，由聯合勤務總部準備有關資
　　　料及調整方案，以便部長決定向行政院提出。

2. 軍隊復員情形應提出報告，由第五廳準備。

3. 通知中訓團黃教育長經常出席部務會報，以便明瞭復員軍官佐轉業訓練情形，並通知原軍政部參事室整軍組趙組長學淵出席報告辦理復員軍官佐轉業情形。

三、明（十二）日下午四時舉行總務會報，各單位主持總務人員，望均一律出席。

貳、檢討第七次臨時會報紀錄（略）

參、報告事項

一、第三廳張廳長報告東北、華北共軍動態（略）

二、第二廳龔副廳長情報報告（略）

主席指示：

二、三兩廳以後報告情報及作戰時，應有圖示。

肆、討論事項

一、聯合勤務總司令提：「各高射炮團、照測團、航空工兵團及傘兵，均歸空軍總司令部管轄，但其經費與補給，究歸空軍總司令部抑由聯合勤務總部負責辦理？請決定以便辦理。」

決定辦法：

管轄屬空軍總司令部，經費與補給由聯合勤務總部辦理。（未指定承辦命令單位）

二、聯合收文室提請核定新舊機構收文辦法案。

決定辦法：

舊機構文件應由聯合收文室統一收文，再按性質分送新機關辦理。

三、第三廳張廳長提：「前遵擬訂加強京漢線各要點之工事辦法，奉主席批示：希先行設計可也，等因；現值改組，本案未便久懸，究應如何辦理？請示！」

決定辦法：

移工程署辦理，但以構築永久工事為原則。

四、新聞局鄧局長提：「上月政治部奉令在鎮江、徐州、歸德、青島、濟南登記、收容及訓練難民青年，經派員前往辦理，現鎮江已登記三千餘，徐州已登記五千餘，各青年之給養、補充、教育與使用，請速決定主辦單位，以利進行。」

決定辦法：

由第五廳主辦，新聞局會辦。

五、第二廳龔副廳長提：「為保密計，擬請立即採用保密辦法之意見兩項——第一、整飭門禁；第二、科以上各級主管辦公室各發給保險箱一個。」
第六廳錢廳長提：「美國陸軍部對來賓保密辦法五項，擬請採用。」

決定辦法：

由第二廳擬具詳細辦法於明（十二）日提總務會報討論。

六、第五廳及預算、史料等局提請充分配給營房案。

決定辦法：

此屬總務範圍，提明（十二）日總務會報決定。

第二次參謀會報紀錄

時　　間　三十五年六月十四日下午四時至七時

地　　點　國防部會議室

出席人員　國防次長　　　　林　蔚　劉士毅

　　　　　參謀次長　　　　劉　斐　郭　懺　范漢傑

　　　　　陸軍總部　　　　顧祝同

　　　　　海軍總部　　　　周憲章

　　　　　空軍總部　　　　周至柔（李懷民代）

　　　　　聯合勤務總部　　黃鎮球　陳　良

　　　　　各廳局長　　　　錢卓倫

　　　　　　　　　　　　　鄭介民（龔　愚代）

　　　　　　　　　　　　　張秉均

　　　　　　　　　　　　　趙一肩（王金科代）

　　　　　　　　　　　　　方　天　錢昌祚　鄧文儀

　　　　　　　　　　　　　吳　石　徐思平　晏勳甫

　　　　　　　　　　　　　趙志垚（紀萬德代）

　　　　　聯合勤務總部各單位　郗恩綏　林百森　武泉遠

　　　　　　　　　　　　　吳仲直　丘士琛　黃壯懷

　　　　　　　　　　　　　莊明遠　王　鎮　孫作人

　　　　　　　　　　　　　楊繼曾　張郁嵐　莊　權

　　　　　　　　　　　　　陳春霖　劉慕曾　吳子健

　　　　　　　　　　　　　洪士奇　黃顯灝

主　　席　陸軍總司令顧祝同代

紀　　錄　張一為　陳光

會報經過

壹、報告事項

一、情報報告（第二廳龔副廳長）略

二、共軍蠢動報告（第三廳張廳長）略

劉次長：

各單位勿因改組而鬆懈業務；保密問題，國防部各單位，尤其聯合勤務總部各級機構，應切實注意。

貳、討論事項

一、重慶行營交通經濟建設委員會暫不設置案（第三廳張廳長提）

查西南國防建設計劃內，對重慶行營附設此兩委員會，已經批准，現行政院呈准暫免設置，是否呈請主席仍予設置，請示。

決議：

移送國防部林次長辦理。

二、國防部電話通信保密案（第三廳張廳長提）

國防部內各重要單位間未架設專線，致電話通信極易洩漏機密，請即改善。

決議：

由通信署與第二廳商訂改善此項保密辦法，即付實施。

三、在渝職員還都運輸案（第二廳龔副廳長提）

決議：

除仍設法空運、船運外，並用汽車運輸，由補給區設法辦理。（未指定承辦命令單位）

四、對美軍備忘錄致送案（兵工署楊署長提）

　　以往因軍政部俞次長兼兵工署長，故對美軍備忘錄，向由兵工署轉，現在情形不同，請另行指定專管部分辦理。

決議：

除向例由各單位自辦者外（如空軍第二、三廳等），其餘由總長辦公室辦理。

五、官佐眷屬房租補助辦法案（經理署陳署長、財務署孫署長提）

決議：

1. 通過兩項原則：第一統籌租配；第二由各單位自行洽租，照聯勤部所提者補助之。（聯勤部提案原文附後）

2. 統籌租配，由特種勤務處、工程署及新聞、民事兩局會辦，（特勤處主辦），速向行政院蔣祕書及市政府馬市長接洽。

3. 本部自建住宅，工程由工程署主辦。

六、國防部車輛配備案（運輸署郗署長提）

決議：

1. 凡借與非軍事機關之吉普車，六月底一律收回；凡應移交之車輛應破除情面接收；

2. 舊機構在渝車輛，即設法調查明白，由運輸署洽收，設法運京，統一分配；

3. 國防部編制上規定之車輛，為數實屬不多，不必減少，由運輸署努力逐漸配足；

4. 聞日本存有美軍出售吉普車千輛，每輛美金百元，

可由聯合勤務總部查明進行洽購；

5. 在上海之車輛，亦一併加以清理。

七、注意空襲警報規定案（空軍總司令部提）

查星期日發放警報與京市正午發放汽笛，兩種聲音，均與真實之空襲警報聲音相同，應請改正，以免意外。

決議：

交由空軍總司令部擬定取銷辦法，以總長名義呈請取銷。

八、部隊對空布板通信準備案（第三廳張廳長提）

決議：

由通信署查案，以總長名義通飭各部隊，凡未遵令製備布板者，限期製齊，如違軍法從事。

九、利用空軍班機傳遞機密文件案（空軍總司令部提）

航空委員會通信班機實施計劃

第一　方針

一、航空委員會為確保全國各重要都市軍政機關之通信聯絡，使往返之祕密信件不失時效迅速傳達之目的，特開闢通信班機航線辦理之。

第二　實施要領

二、使用機種、機數、航線及班次如下：

1. 使用 C-47 型機十架。

2. 航線：渝京、渝漢京、渝粵、渝平、渝蓉昆渝、渝蓉蘭渝、渝陝新平、渝鄭濟平、平錦長平、平濟徐京、京杭台。

3. 航線、班次、航期及時間如所附圖表。

三、通信設備以利用各地原有之通信設備為主，必要之地點得增設或加強之。

  1. 南昌須增設長波機。

  2. 徐州、海口、新鄉、廣州等四處長波機加強之。

四、氣象設備及測報等均利用各地原有之設備及人員兼辦之。

五、站場勤務由各空軍站負責，必要時由空運大隊指派官佐士兵擔任飛機之檢修。

第三　祕密文件傳達辦法

六、通信班機擔任傳送信件之機關，中央為參軍處、軍令部、軍政部、軍訓部、政治部、後方勤務總司令部，地方為行營、綏靖處各主任及其參謀處、政治部等機關。

七、各機關交機傳送之文件，須妥裝於公文箱內並予密封，於班期前一日上午送至當地空軍站給據妥收，然後按規定手續填運單交運。

八、往來信件繁多之機關，應與當地空軍站商洽，由站設各機關信箱，各機關於有班機之日派人到站查詢提取。

九、不常有信件往來之機關，如有信件到站，則空軍站即通知受信機關派人到站提取。

第四　空餘噸位搭乘人員之申請

十、通信班機以傳送祕密文件為主，如有空餘噸位，本會及各機關之因公人員得申請搭乘。

第五　實施日期

十一、自二月二十五日起開始實施。

航空委員會空運機收費辦法

奉軍委會三十五年三月八日會復運字第 0445 號寅齊代
電准予備案

一、為增強國內之空運力量，應利用本會空運機之餘
力作一般民間運輸之使用，以協助我國民航運輸
之發展。

二、凡本會定期或不定期之空運機均可以其單運之空
餘噸位用售票辦法擔任一般民間之運輸，如本會
空運力量裕餘時，且得指定專機定期擔任一般民
間之運輸，以補目的民航運輸力量之不足。

三、本會空運機收費標準按交通部釐訂之民航機收費
票價行之。

四、除為作戰目的之一切軍事運輸外，所有各機關請
託本會代運之人員物資應一律照本辦法之規定收
取運費。

五、本會事病假人員及本會人員之直系親屬搭乘本會飛
機，除呈奉主任特准免費搭乘者外，應一律照半價
收費以示優待，但非直係眷屬得照全價收費。

六、各機關團體及其他會內外人員請求搭乘本會飛機
者，其申請手續另訂之。

七、凡經本會核准搭乘本會飛機之人員，其乘機之優
先順序由本會視其任務之緩急核定之。

八、空運費之收入作為增強本軍空運業務之各項費
　　用，其收支由本會專案報銷。

九、本辦法自呈准後施行

航空委員會班機人員搭乘申請辦法

一、各線班機除運載本會及各軍政機關祕密信件外，
　　如有空餘噸位，本會人員及其他軍政機關之因公
　　人員均得申請搭乘。

二、本軍人員請求搭乘空運班機，須持有所屬機關證
　　明文件或事病假核准文件，方可請求搭乘。

三、各軍政機關人員因公請求搭乘，須經當地之軍政
　　最高機關主官核定，方可提出申請。

四、無論本軍人員或其他軍政機關，對於請求搭乘空
　　運班機，均向當地之空運主辦空運機關申請而由
　　各地最高空軍主官核准者，方得搭乘。

五、凡申請搭乘班機人員，須搭規定填具申請書，非
　　空軍人員並須繳二寸半身照片三張，以便查考。

六、凡經當地最高空軍主官核准搭乘之人員，務須按
　　照主辦空運機關之通知，準時到達指定之起飛
　　站，聽候過磅檢查，發票搭乘。

七、搭乘班機人員攜帶行李重量，以十五公斤為限。

八、搭乘班機人員，不得有拒絕檢查與不遵守飛機上
　　及站場內各項規定之行為。

九、經核准搭乘之人員，由主辦空運機關按照申請先
　　後，及當地空軍最高長官所指示之緩急情形，而
　　排定其先後次序。

十、凡經排定搭乘日期之人員，不得強請提前。

十一、班機以運送祕密信件為主，不能以搭乘人員佔及信件噸位。

十二、非在班機航線以內之地點，或非規定班機起落站，不得申請搭乘。

十三、本辦法於奉准後實施之。

航空委員會空運機收費辦法實施細則

一、本會空運機有空餘噸位時，本會及其他機關之人員及眷屬或物資，得按章申請核准，納費搭乘。

二、私人申請本會概不接受，但經民航公司已辦妥一切空運手續之貨物，若公司空運力量不足，而本會空運機有空餘噸位時，得為代運，民航公司得與本會洽議，提取全部運費收入之若干成數作為手續費。

三、此項空運業務，在本會並未設立獨立空運機構之前，暫由本會參謀處及班機降落各地之最高空運軍機關為核定機關，班機降落各場，負實施場站勤務者，為實施此項空運機關。核定准駁、搭乘、先後及通知申請各單位等業務，由核定機關承辦之；售票、收款、通知、查票、接送等業務，由實施機關承辦之。各種通知單如附件（一）、（二）、（三）、（四）。

四、本會所屬各機關之人員，由會中各單位及所屬各機關之主管長官負責申請，其他會外各機關之人員及物資，由其隸屬機關備文申請。

五、申請機關或單位於接獲核准通知單後，即將申請
　　書或空運物資單依式填寫，加蓋關防（會屬單位加
　　蓋公章），搭乘人員並須在第一、三兩聯上貼二
　　寸半身像片，至辦理空運各機關辦理手續。

六、承辦空運各機關審核相符即予登記收款，在原申
　　請書或空運單各聯上加蓋「款已收訖」章，人員搭
　　乘並掣給收據及換票證，如附件（五）。

七、會外各機關核准搭乘之人員及准予代運之物資，
　　除由本會特予同意通知免費者外，概照民航公司所
　　規定之價款收費。

八、空運物資單之一、二兩聯，均由起運地之實施空
　　運機關存查，收貨人則向到達地之空運實施機關
　　提取貨物。

九、本會所屬之人員，因公搭乘經核准有據者，及因公
　　致傷須易地療養有醫官證明者，或經主任特准者，
　　得准免費搭乘。

十、本會及所屬人員因事病奉准給假者，均按半價收費。

十一、本會及所屬各機關人員之直系親屬，經主管長
　　　官負責證明者，得予半價之優待。

十二、凡經核定免費或半費搭乘之人員，其辦理領票、
　　　購票之手續亦同。

十三、申請人繳款後，將收據及換票證須辦妥保存，
　　　並再繳照片一張（以備貼於票背），靜候通知
　　　搭乘日期。

十四、搭乘日期按照規定決定後即行填票，並於票背
　　　粘貼照片加蓋鋼印，隨即通知申請機關，並將

乘機證及申請書空運單之有關各聯於起飛前一
日送到起飛之空運實施機關,原申請機關務將
詳情轉知申請人,以免有誤。

十五、經核准搭乘之人員及物資,須按照通知所規定
之時間以前到達起飛之機場。

十六、起飛之空運實施機關於搭乘人上機前憑換票證
發給乘機證,如核對照片與本人不符,不准換
票搭乘,中途及到達各實施空運機關,均須查
票核對,如發現照片與本人不符時,得予扣留
追查。

十七、搭乘先後次序標準:

甲、本會及所屬公差人員及急要公文器材。

乙、其他軍事機關之公差人員及急要公文器材。

丙、本會及所屬奉准病事假之人員。

丁、本會及所屬人員之眷屬。

戊、其他各機關之人員及眷屬。

己、經主任核准提前,或特殊情況經各地最高
空軍機關長官核准者,得提前成行。

十八、本辦法自奉准之日實行

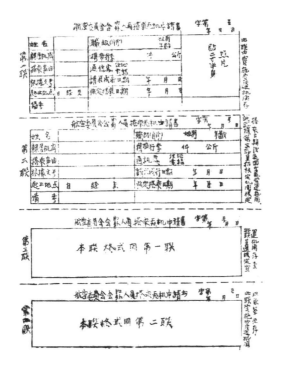

附註：1. 此紙由實施空運機關呈送核定空運機關

此表共五份，供復寫用，第二、第三、第四，三頁，其形狀格式完全與第一表同，其區別如下：

第二表用淺紅色紙印，附記處寫（此單由實施空運機關存查）

第三頁表用淺綠色紙印，附記處寫（1. 收費人簽字蓋章 2. 此紙隨貨寄到達站）

第四表用淺黃色紙印，附記處寫（此紙由寄貨人收據）

第五表較前四表長出一格如上表，其反面印有
下述字樣：

注意：

1. 運費應在起運實施機關付清
2. 此紙自寄貨人自行寄與收貨人，向到達站
   實施空運機關領取貨物，到達地實施空運
   機關將貨物發託後，即將此紙寄還原核准
   機關登記後，發給原出發站實施空運機關
3. 凡因天候或受戰爭、匪劫為本會管理力量所
   不能控制之事實，致運送物發生重大損壞或
   遲到，概不負完全責任。
4. 貨物到達■■日後尚未提取者，每日每公
   斤其繳寄存費四元。
5. 有效期間■■個月，逾期不取，不負保管
   責任。

決議：由空軍總司令部將辦法通知各單位辦理。

十、國防部官兵福利辦法案

案由：為擬具還都官佐眷屬房租補助辦法七項是
否可行恭請公決

擬辦：

一、由公籌建職員眷屬宿舍集團居住，此項已由
營造司趕辦，另案呈核在案。

二、由各機關租賃房屋，自行統籌支配於各官佐
直系眷屬居住，所需押金及房租，均由公負
擔，每月房租以不超過本機關實有官佐人數，
每人每月貳萬元為限。

三、各官佐因未得有由機關支配之眷屬宿舍而自
行租賃者，准由本機關借墊押金，每官以貳
拾萬元為限度，於離職時繳還之。每月房租
由本機關補助，以貳萬元為限度。該項押金
及房租必須呈驗租約後，始行發給，租約所
載少於以上數字者，從其租約。

四、官佐在京原有自置房屋，如證明因敵偽損壞，
必須修理始能居住者，得比照第三項辦法，
由本機關借發修理費每官四十萬元，於離職時
繳還之。

五、嚴禁官佐將自有房屋出租再行租賃房屋，以冒
領第三項之押金及房租補助費，一經查出，從
嚴議處。

六、除上列第一項外，所有水電，均由個人負擔。

七、上項租賃房屋押金及房租補助費，暨第四項
修理費，均由各單位切實負責自行辦理，按
實際人及應需數額開列詳表簽報鈞長核定後，
由財務署墊發。

適用範圍：比照還都補助費辦法所規定，限於本
部直屬在京市區各幕僚機關，及陸海空
與聯勤各總司令部，暨其所屬單位及在
京市區軍事學校之官佐，攜居有直系眷
屬者適用之，並擬在中央軍事機構改組
完竣後實施。

右擬各項，是否可行，敬提請公決。

凡官兵所需之米、油、鹽、柴火等福利事業，應由糧秣

司之福利科繼續辦理；各單位可即來領，其未領到者，
可即向陳署長洽領，其規定之品類、數額、及具領之手
續，由陳署長即詳細通報各單位知照。

第三次參謀會報紀錄

時　　間　三十五年六月十八日下午四時至六時二十分

地　　點　國防部會議室

出席人員　國防次長　　　　　林　蔚　劉士毅

　　　　　參謀次長　　　　　劉　斐　郭　懺　范漢傑

　　　　　陸軍總部　　　　　顧祝同　王　俊

　　　　　海軍總部　　　　　周憲章

　　　　　聯合勤務總部　　　黃鎮球　端木傑　陳　良

　　　　　總長辦公室　　　　周彭賞

　　　　　各廳局長　　　　　錢卓倫

　　　　　　　　　　　　　　鄭介民（龔　愚代）

　　　　　　　　　　　　　　張秉均

　　　　　　　　　　　　　　趙一肩（王金科代）

　　　　　　　　　　　　　　方　天　鄧文儀　余正東

　　　　　　　　　　　　　　杜心如

　　　　　　　　　　　　　　趙志垚（紀萬德代）

　　　　　　　　　　　　　　吳　石　徐思平　晏勳甫

　　　　　聯合勤務總部各單位　楊繼曾　吳仲直　孫作人

　　　　　　　　　　　　　　林柏森　劉慕曾

　　　　　　　　　　　　　　錢壽恒（張守權代）

　　　　　　　　　　　　　　吳子健

列席人員　第二廳　　　　　　杜　逵

　　　　　聯合勤務總部　　　丘士琛　武泉遠

　　　　　　　　　　　　　　陳靜心　洪士奇

主　　席　陸軍顧總司令代

紀　　錄　張一為

會報經過

壹、檢討上次會報實施程度

一、官佐眷屬房租補助辦法案

孫署長報告：

原定每人每屋補助兩萬元，總長認為數目過少，決定增加一萬元，並即簽呈主席。

二、官兵福利辦法案

陳署長報告：

1. 原定官兵福利辦法，係以舊機構各單位為對象，新機構尚未組織成立，無法開始實施。

2. 舊機構有少數單位曾連續通知，請取領各項福利物品，現尚未領去，仍希從速來領。

貳、報告事項

一、情報報告（第二廳龔副廳長）略

二、共軍蠢動報告（第三廳張廳長）略

三、復員軍官佐轉業後之保障案（陸軍顧總司令）

復員軍官佐對轉業後之保障，轉業者恐其他部門有門戶之見，多感焦慮，似應予以注意。（原軍政部參事室整軍組及第五廳與中訓團注意辦理）

四、復員軍官佐待遇案（陸軍顧總司令）

復員軍官佐，所領服裝，原來規定質料甚佳，但現所領得者，質料極壞，心理反應不良，交聯合勤務總部注意。

五、中國萬歲劇團隸屬案（聯勤總部黃總司令）

中國電影製片廠長簽呈總長，以中國萬歲劇團究應隸屬何處？奉批：「應屬聯勤總部或新聞局，可提出會報決定。」等因，如何？請決定。

決定：

該團隸屬新聞局（由聯勤總部辦指令，並辦令飭新聞局遵照。）

六、國防部各單位編制審查案（改組委員會吳組長）

已請示決定本星期四（二十號）上午八時開編制審查會議，凡應出席之單位，已專函通知。

參、討論事項

一、新機構營房整備案（總長辦公室提）

分配新機構之營房，原住者多不依限遷出，如何處理？

決議：

仍令迅速遷出。（錢廳長壽恒辦）

二、戰地服務團撤銷案（總長辦公室提）

查戰地服務團在未奉令撤銷前，仍須令其照常推行原有業務。

決議：

仍用服務團或勵志社名義，由國防部委託辦理招待外籍人員事宜。（總長辦公室）

三、美方擬探測積石山高度案（測量局晏局長提）

　　美國陸軍部要求探測我青海東南部積石山亦稱大

　　雪山之高度案，可否核准？

決議：

原則上可准予探測，但應簽呈主席核示。（測量局辦）

四、前軍委會大戰研究會業務歸併案（改組委員會提）

　　查大戰研究會業務，係由前軍令部第一廳第四處

　　承辦，現已辦理結束，其業務歸併辦法，擬具兩

　　案：甲案由史料局接辦；乙案限六月底結束，以後

　　再成立。請公決。

決議：

該會經辦事務，仍限六月底結束，至於業務，關係軍事

學術發揚，至為重要，以後另擬辦法辦理。

五、現職獸醫畜牧人員擬請暫緩退役案（聯合勤務總

　　部提）

　　查現職獸醫畜牧人員，如按規定退伍，則部隊、

　　機關、學校編制上所差此項人員甚鉅，擬請除志

　　願及體弱者應予退役外，餘暫緩退役。當否？乞

　　公決。

決議：

1. 仍按規定退役。

2. 所差此項人材，應迅速培養。

六、中央軍事機構軍文人員退職案（第一廳提）

中央軍事機構在內部未改組完成前，如合於或志願退職之軍文人員擬即令先行呈報辦理退職，擬具理由辦法，請公決。

決議：

原則通過，由第一廳承辦，通知舊有機關照辦。

七、國防部成立後，中央軍事機關復員將級人員之安置案（第一廳提）

決議：

1. 所擬將級人員退伍辦法，原則通過，由第一廳提出退役名冊，加以審核後，呈請批示決定。

2. 將級人員退伍還鄉後，社會地位，未予保障，致受保甲人員欺壓，應速訂保障辦法，由錢廳長卓倫、方廳長天、鄧局長文儀、徐局長思平、余局長正東開小組會議研究保障辦法，錢廳長卓倫負責召集，於下次部務會報（七月一號）提出討論，決定後呈行政院辦理。

八、情報經費請領案（第二廳提）略

九、控制戰訊呈報及發布案（第二廳提）

查戰訊發布，過去軍委會尚不及新聞記者迅速，又各部隊呈報情報，常不確實，擬派員攜帶電台至前線主要司令部直接辦理。

決議：

以不時派高級人員臨時往前線晤各重要指揮官說明情報要求為宜，由第二廳注意辦理。

第四次參謀會報紀錄

時　　間	三十五年六月二十一日下午四時至六時二十分	
地　　點	國防部會議室	
出席人員	國防次長	林　蔚　劉士毅
	參謀次長	劉　斐　郭　懺　范漢傑
	陸軍總部	顧祝同　王　俊　蕭毅蕭
	海軍總部	周憲章
	聯合勤務總部	黃鎮球　端木傑　陳　良
	總長辦公室	周彭賞
	各廳局長	錢卓倫
		鄭介民（龔　愚代）
		張秉均　趙一肩　方　天
		錢昌祚　鄧文儀　余正東
		杜心如
		趙志垚（紀萬德代）
		吳　石　徐思平　晏勳甫
	聯合勤務總部各單位	楊繼曾　孫作人　林柏森
		劉慕曾
		錢壽恒（張守權代）
		張　鎮　陳春霖　吳子健
主　　席	參謀總長	
紀　　錄	張一為　陳　光	

會報經過

壹、主席指示

一、現在要塞要港，及海空軍各有雷達設備，應集中
整理使用，除經核准留用者外，以統交空軍使用
於防空任務為宜，由第六廳錢廳長調查，於一週
內擬訂辦法具報。

二、職員住宅，應從速辦理，除籌劃自建及清理舊有
房屋外，並可向美方洽購活動房子。（聯勤總部辦）

三、會報機密事件，各出席人員，宜絕對保守祕密。

四、應規定私人公餘活動時限，凡職員宿舍，過下午
十時，即應靜肅，停止留聲機、收音機及歌唱等
娛樂，以免妨礙他人安寧。（由特勤處辦）

五、各單位限本月底組織完成，重要人員應從速加倍
保委。（由改組委員會辦）

貳、檢討上次會報實施程度（均已實施）

參、報告事項

一、情報報告（第二廳龔副廳長）略

二、共軍蠢動報告（第三廳張廳長）略

三、迅速辦理北平防空機構應辦事項案（第三廳）

    1. 北平防空司令部司令，及其所屬第一至第九支
部司令，業經核委，請第一廳迅予辦理。

    2. 關防官章等印信，請指定主辦單位迅予刻發。

    3. 編制上額配之車輛、通訊器材及軍需物品，請
聯合勤務總部飭就各支部駐在地，就近撥發。

決定：

1. （2）項，以後關防印信均歸第一廳負責辦理。

2. （1）（3）兩項，由第一廳及聯合勤務總部分別迅辦。

四、承辦停止京市午笛（示標準時間用）及星期日上午
　　警報案（第三廳）

　　本案原指定由第三廳承辦；但為顧慮業務系統計，
　　似應移歸空軍總部辦理。

決定：

由第三廳辦理後，將案券移空軍總部。

五、學兵總隊第三團奉命開拔案（兵工署楊署長）

　　原令由漢口開來南京，如係開往前方，擬請指定
　　配屬何部，直接由漢開往，以免轉折，並請撥給
　　車輛，以利砲彈運輸。

主席指示：

第三團速開徐州，受徐州綏署指揮，第四團仍令集中漢
口。（第三廳、兵工署分別辦理）

六、請派青年軍復員優秀人員工作案（新聞局晏局長）

　　青年軍各師選派來京優秀復員幹部及藝術宣傳青
　　年，已經陸續到達，擬先由新聞局設班訓練，再
　　按其志願及需要，分別深造或派遣工作。

主席指示：

1. 與彭位仁商量；

2. 願學海軍者，可以考選，願到東北工作或願參加剿
　　匪者，分別准其所請，有願留學者，只要考選合
　　格，亦可派送。

3. 鄧局長即轉告彼等，望其安心，一切待遇照常發給；
   聽其自願，妥為安置。

七、軍圖儲存案（測量局局長）

　　關於補充東北九省，及長江以北各省軍圖，因儲存
　　重慶，無法運京，可否派專機一架，俾利運輸，以
　　應急需。

主席指示：

軍用地圖應優先空運，即將待運軍圖數量呈送劉次長
辦理。

八、京市治安狀況（憲兵張司令）略

九、憲兵成立機動營警衛首都案（憲兵張司令）

　　一月前奉指示組織機動營警衛首都，已將編制呈請
　　核示，惟尚未奉批，究應如何辦理。（第五廳方廳
　　長說明，正辦令就特務營充實擔任。）

主席指示：

由現有部隊充實一個營擔任，不另行成立。

肆、討論事項

一、請將前陸軍總部所屬審判戰犯軍事法庭及戰犯拘
　　留所改隸國防部擬具理由辦法請公決案（聯勤總
　　部提）

決議：

照所擬辦法辦理。

主席指示：

1. 軍法不全由中央直接辦理，各級均須配予軍法機
   構，如行營有軍法處，師有軍法官等。

2. 軍法司及各單位均可斟酌倣效原軍令部所立參謀業務系統之制度，期能分別逕與各級承辦該管業務之人員聯繫，惟須注意者，各級承辦該管業務人員，不能因與中央在業務上逕取連繫之關係，遂誤為均係中央人員，其在組織上仍屬各級主管官指揮之單位，此點特須留意，以免發生流弊。

3. 目前軍法業務，可照江西剿匪辦法，賦予適當階層以上各級主管之權力，軍法司即照此擬具辦法呈核。

4. 凡與普通司法有關聯之軍法案件，仍以軍法為主，由軍事機關辦理，軍法司即擬辦法呈核。

二、請將二廳原管戰犯業務一併移軍法司主管案（第二廳龔副廳長提）

決議：

二廳原有業務（戰犯調查決定、罪過證據蒐集及逮捕）仍歸二廳辦理，但須與軍法司確取聯繫（逮捕後之管押審判由軍法司辦）。

第五次參謀會報紀錄

時　　間　三十五年六月二十五日下午四時至六時二十分

地　　點　國防部會議室

出席人員　國防次長　　　　林　蔚　劉士毅

　　　　　參謀次長　　　　劉　斐　郭　懺　范漢傑

　　　　　陸軍總部　　　　顧祝同　王　俊

　　　　　海軍總部　　　　周憲章

　　　　　空軍總部　　　　周至柔

　　　　　聯勤總部　　　　黃鎮球　端木傑　陳　良

　　　　　總長辦公室　　　周彭賞

　　　　　各廳局長　　　　錢卓倫　鄭介民（龔　愚代）

　　　　　　　　　　　　　張秉均　趙一肩　方　天

　　　　　　　　　　　　　鄧文儀　余正東　杜心如

　　　　　　　　　　　　　趙志垚　吳　石　徐思平

　　　　　　　　　　　　　晏勳甫

　　　　　聯勤總部各單位　楊繼曾　林可勝　孫作人

　　　　　　　　　　　　　林柏森　錢壽恒　張　鎮

　　　　　　　　　　　　　劉慕曾　陳春霖　吳子健

列席人員　聯勤總部　　　　洪士奇　武泉遠（陳　靜代）

主　　席　參謀總長

紀　　錄　張一為　陳光

會報經過

壹、檢討上次會報實施程度（第六廳缺席，餘已實施）

貳、報告事項

一、情報報告（第二廳龔副廳長）略

二、戰況報告（第三廳張廳長）略

三、總長辦公室報告（郭兼主任）

    1. 廬山集訓，即將開始，應準備之交通、通信及警戒等事宜，請有關單位，速為辦理。應備之車輛、輪渡及通信設備，請運輸署、通信署辦理；至警戒問題，請憲兵司令部負責。

    2. 「七七抗戰陣亡將士追悼大會」業經主席蔣飭改為：「七七抗戰死難軍民追悼大會」；南京方面之舉行，應由新聞局主辦，請知照。

    3. 請憲兵司令部將京市一週治安情形，於每星期一下午或星期二上午九時前彙送一份送至參謀次長辦公室，以便於官邸會報時提出報告，嗣後京市凡特別之重大事件，應立刻用電話報告，其如何聯繫方法請由二廳擬辦送核。

    4. 擬請成立中美軍語審定委員會，以免翻譯之軍用名詞紛歧。

主席指示：

1. 關於廬山之交通、通信及警戒設施，主管機關應速即辦理。

2. 七七追悼大會文告，由史料局擬稿呈核，如一時不能全部完成，可先呈一部。

3. 以後南京治安上如發生緊急事情，憲兵司令部應立即報告。第二廳應與憲警及其他機關連繫，如遇發生此類事件，報告以愈速愈佳。

四、空軍基地設備及空運情形案（空軍周總司令）

    1. 瀋陽、北平、徐州、濟南、青島等基地之設備情形（略）。

    2. 空運情形（略）。

主席指示：

1. 空軍之情形，希各單位瞭解。

2. 器材零件補充不易，空軍應注意經濟使用。

3. 一般將領對機械性部隊（包括飛機、汽車、戰車）之使用常識不夠，故常作不合理之要求，由第五廳主辦，海空軍及聯勤總司令部派員參加，模擬有關機械性部隊之使用常識，發給各級部隊官長研究。

五、請測量局合作譯印軍用航測圖案（空軍周總司令）

    本部決定譯印美方在我國之軍用百萬分一航測圖，因其極為精確，頗可利用，航委會只能就空軍需要譯印若干份，陸軍方面，似可合作，按需要數量，合併一次印足，以省費用。

決定：

晏局長答復：「照辦」。

六、卅五年度下半年追加預算案（預算局趙局長）

　　各單位下半年如因機構調整事業擴展，及物價波動等原因必須追加預算者，請於本（六）月二十七日以前將追加款額列表送交預算局，以便彙呈。

主席指示：

1. 本部編制尚未確定，編造預算甚難，最好約集各單位主官，一齊解決。

2. 編造預算之原則，除薪餉及必須以金錢支付之課目編造金錢預算外，實物預算之編造最為重要。

3. 明年度預算，應先擬工作計劃，呈主席核准後，再根據計劃編造預算送行政院核，請林、劉兩次長負責，各次長及各總司令部一齊參加，先擬訂幾項原則，各單位根據原則草擬計劃，以便呈核後，交預算局造具預算。

七、請速運在渝職員還都案（測量局晏局長）

主席指示：

各單位未還都人員，可將其姓名人數列表，於下次會報提出解決，即交聯勤總部計畫辦理。

參、討論事項

中央軍事機關官佐住宅押金及租金補助辦法案（聯勤總部提）

主席指示：

應按照全部階級之薪餉比例，加以修正；並按左列三原則辦理：

1. 住自己之房屋與租住房屋者，同樣發給補助費。

2. 現住公家房屋者不給。

3. 自己既有房屋出租圖利而住公家房屋者，應予處分。

肆、主席一般指示

一、海軍方面注意兩事：

　　1. 永綏軍艦到渝後，應即開回，以便擔任京潯間交通。

　　2. 南京附近江面巡邏，海軍要負責任，可與劉次長接洽辦理。

二、待遇問題：

　　待遇問題，最為重要，希各位主管官注意。

　　1. 待遇方面，由陳署長與海空軍商量，至空軍比照陸軍高兩級給與之辦法，因上、中將如依此規定給與，則待遇超過陸軍特級上將，似覺未妥，此點可與空軍總部商量決定。

　　2. 各單位主官，須親自考察其部屬之生活狀況，勿離開自己的群眾，在此生活困難時期，尤為重要。又增加待遇，改善生活，應公開討論，現在問題為不夠與不平，應先解決不平，再解決不夠，預算局、財務署、經理署切實注意辦理。

　　目前最緊要者為按衣、食、住、行之需要，供給實物。

　　關於衣、食兩點，可將接收敵偽之物資，即行分發，縱使有眷屬調查未清者，亦先發給一份。

　　住的方面，因有有家回不去者，及小家庭制度已成之二種關係，職員非帶眷屬不可，故應負

責為其解決。

三、人事問題：

　　1. 各單位所保主要人員，有年齡與階級不相稱者，應切實注意。

　　2. 凡保人員應注意年齡、學歷、資歷及服務成績四個條件。

　　3. 官職可以分開。

　　4. 改組委員會將各單位已保來者送第一廳先核。

四、文官處通知七月一日本部各廳局處長以上及陸海空聯勤各總司令部已發表之重要人員，舉行就職典禮。（由第一廳辦）

五、參謀會報調整

　　1. 參謀會報改為每星期一次，星期二上午八時舉行，出席人員仍舊。

　　2. 原星期五之參謀會報停止，另舉行作戰會報，時間上午八時，出席人員，另行規定通知。

原有出席星期二參謀會報人員名單

國防次長林	國防次長秦	國防次長劉
參謀次長劉	參謀次長郭	參謀次長范
總長辦公室副主任顏		
總長辦公室副主任周		
第一廳錢廳長	第二廳鄭廳長	第三廳張廳長
第四廳趙廳長	第五廳方廳長	第六廳錢廳長
新聞局鄧局長	民事局余局長	保安局杜局長
監察局□局長（未成立）		

預算局趙局長　　　　史料局吳局長　兵役局徐局長

測量局晏局長

陸軍顧總司令　　　　陸軍王副總司令達天

陸軍總部蕭參謀長毅肅

海軍周參謀長

空軍周總司令

聯勤黃總司令　　　端木副總司令

聯勤總部郗參謀長

　　軍醫署林署長　運輸署郗署長　財務署孫署長

　　通信署吳署長　兵工署孫署長

　　化學署□署長（未成立）

　　工程署林署長　軍法司劉司長　經理署陳署長

　　副官處陳處長　特勤處錢處長　撫卹處吳處長

憲兵張司令

第六次參謀會報紀錄

時　　間　三十五年七月九日下午四時至七時

地　　點　國防部會議室

出席人員　國防次長　　　林　蔚　劉士毅

　　　　　參謀次長　　　劉　斐　郭　懺　郭寄嶠

　　　　　陸軍總部　　　林柏森

　　　　　空軍總部　　　周至柔

　　　　　海軍總部　　　張錫杰

　　　　　聯勤總部　　　黃鎮球　陳　良

　　　　　總長辦公室　　周彭賞

　　　　　各廳局長　　　錢卓倫　鄭介民（龔　愚代）

　　　　　　　　　　　　張秉均　趙一肩（楊業孔代）

　　　　　　　　　　　　方　天　錢昌祚　鄧文儀

　　　　　　　　　　　　余正東　杜心如

　　　　　　　　　　　　趙志垚（紀萬德代）

　　　　　　　　　　　　吳　石　徐思平　晏勳甫

　　　　　聯勤總部各單位　楊繼曾　吳仲直　孫作人

　　　　　　　　　　　　黃顯灝　錢壽恒

　　　　　　　　　　　　張　鎮（林錫鈞代）

　　　　　　　　　　　　劉慕曾　陳春霖　吳子健

　　　　　中訓團　　　　黃　杰

主　　席　參謀總長

紀　　錄　張一為　姚燧辰

會報經過

壹、檢討上次會報實施程度

一、第一廳錢廳長報告

　　關於訓話及就職一類之通報與服裝之規定，本屬特勤處主管業務，第一廳此次舉辦七月一日本部主要長官就職之通報，業經遵辦，以後一律請由特勤處辦理。

二、第五廳方廳長報告

　　中美軍語之審定統一及機械化常識之編擬，第五廳正在辦理中。

三、海軍總部張錫杰報告

　　永綏軍艦，已由渝開至漢口，即駛南京。

貳、檢討第一至第四次會報實施情形

一、擬訂國防部保密辦法案（六月十一日第一次會報）

　　國防部保密辦法，第二廳已擬呈，惟各單位需用保險箱裝存機密公文，請聯勤總部即將接收敵偽之保險箱數目，查明後擬訂分配辦法發給，爾後再謀購補。

二、在日本購吉普車千輛案（六月十四日第二次會報）

　　聞美方在日本出售吉普車千輛，每輛美金百元，「決議」由聯勤總部進行洽購，現在辦理情形如何？

聯勤總部答復：

已電詢中。

三、利用空軍班機傳遞機密文件案（六月十四日第二次
　　會報）

「決議」由空軍總司令部將辦法通知各單位辦
理，各單位已接到是項通知否？

各單位未接到，請由空軍再辦。

四、集中雷達使用於防空案（六月二十一日第四次會報）
　　總長指示，由第六廳錢廳長於一週內查明，擬訂
辦法具報，現在已否照辦？

錢廳長答復：

空軍方面已調查明白，海軍方面，尚未完竣。

參、報告事項

一、情報報告（第二廳龔副廳長）略
二、戰況報告（第三廳張廳長）略
三、總長辦公室郭兼主任報告

　　1. 現因參謀次長有兩人姓郭，各單位在行文或打
　　　電話時務要姓名同稱以免相混，但不可稱參謀
　　　次長郭悔公或參謀次長郭寄公，應直用參謀次
　　　長郭懺或參謀次長郭寄嶠字樣。

　　2. 第二、三兩廳以後向總長用電話或書面報告情
　　　報及戰報時，一律交由張高參家閑接轉，又主
　　　席極注重數字，各單位應將主管業務內之重要
　　　數字，隨時報來，（並可由張高參收集），以
　　　便官邸會報時，作為陳復主席垂詢之根據。

　　3. 主席在廬山召集青年軍軍師長開會，本部應參加
　　　人員之規定，由第五廳與新聞局研究後呈核。

4. 主席已指定部長白代表前往檢閱整編就緒之第
一、二期部隊，各單位應加以準備。

決議：

部長白已準備就緒，第五廳接洽可也。

5. 各單位承辦下行電報，署名方式紛歧，有「參
謀總長陳誠」、「總長陳誠」及「陳誠」三種
字樣，應如何規定，以資一律？

決議：

以後電報只用「陳誠」一種字樣，惟簽呈及文書用參謀
總長字樣（因奉頒之印信為參謀總長），並由總長辦公
室草擬國防部文書處理規則送核。

6. 總長指示，陸軍今年停升，以便調整人事。

7. 凡各單位有關經費之請示案件，一律送預算局
核轉，以免週折。

8. 各單位對例行公文或對已核辦或自可負責之案
件，以後可由各單位主官自行判稿先發，事後
按規定彙表呈閱，不必送呈核行，但承辦單位
務必注意自動與有關單位聯繫，以免紛歧。（以
盡可能多會稿為原則）

9. 中訓團原屬軍委會，擬改屬行政院，但尚未決
定，現為國防部之自然隸屬機構，各單位應將
其列入行文單位表內，勿予忘棄。

肆、討論事項

一、擬稿人一律蓋用特製名章案（總長辦公室提）

查擬稿人習慣用簽字或蓋私章，因字體紛歧及簽

蓋不明，不易認識，致核判人有時須向擬辦人有
所詢問時，感覺困難，擬照空軍總司令部之辦
法，用不鏽鋼刊製小章，明顯而又劃一，空軍總
司令部並允代為製備，是否可行，請公決。

決議：

原則通過，候編組就緒再辦。

二、法制審核案（總長辦公室提）

本部各項法制，由各業務主管單位擬辦，但須有
一機構負綜合審核之責，免衝突重複，究指定何
種機構負責？請公決。

決議：

部長辦公室設有法制司，即由其負責辦理。

三、中美會報案（總長辦公室提）

美方請舉行中美會報；茲擬具甲、乙兩種辦法，請
公決。

決議：

待本部改組完成後八月份始規定舉行，前已由劉次長斐
口頭答復；至須與美方會議時，可臨時通知。

四、陸軍直接供給兵艦情報案（海軍總部提）

海軍北巡艦隊，陸上情報，均由海軍總部分轉，
常失時效，擬請有聯繫關係之陸軍直接聯繫，當
否？請公決。

決議：

照辦，實施辦法，由海軍總部與第二廳研究辦理之。

五、東北、內蒙部隊防寒服裝補給案（經理署提）

　　三十五年度東北及內蒙部隊防寒服裝補給辦法，

　　擬具草案，提請公決。

決議：

由聯勤總部召集小組會議，第三、四兩廳及空軍參加，

並可約熟習東北氣候之軍官列席，共同研究修正，日本

關東軍之防寒裝備狀況，可尋出作為參考。

六、眷屬食米及生活必需品發給辦法案（經理署提）

決議：

似應照核發數量，擴大至全國部隊，即簽請總長決定。

（由承辦單位擬稿）

七、眷屬房舍籌建及統租辦法案（財務署提）

決議：

根本辦法，自行修建，經費另籌；治標辦法，照原辦法

施行，但其範圍似應包含南京市區內陸海空軍之部隊機

關學校，不限於國防部，請示總長決定。（由承辦單位

簽請）

八、盟參班召訓辦法案（第二廳提）

　　1. 盟參班現召集訓練之學員，可以畢業者擬准其畢

　　　 業，不能畢業者擬訓練至可以畢業時再行畢業。

　　2. 以後擬召集甲、乙兩班，俄文有根底者為甲

　　　 班，名額五十人，俄文無根底者為乙班，在軍

　　　 官總隊考選一百人。

　　辦法當否？請公決。

決議：

根本辦法，擬案提請行政院，注意各級普通學校之俄文

教育，又各級軍事學校亦應分授俄文（此項由第五廳主辦，第二廳會辦）；至於目前直接訓練少數人員，乃治標辦法，已經召集訓練者，可照所擬辦法辦理，將來應否續辦？其續辦辦法如何？請示總長決定。

九、限制調用軍官總隊隊員案（中訓團提）

決議：

限定行轅、綏署及戰區調用一定名額之辦法，原則通過，由第五廳詳審研究後，再決定施行。

十、請通令停收無職軍官案（中訓團提）

決議：

除編餘人員照常收容外，無職軍官，即通令停收，已收者擬具有效辦法，應嚴格考核整理。（第五廳辦）

十一、請調整自新軍官待遇案（中訓團提）

財務署答復：

已規定一律八成支給。

十二、復員軍官轉業訓練經費領發手續案（中訓團提）

總長指示：

六百億元之轉業訓練經費，遵主席批示，由國防部撥付，預算由中訓團與預算局聯繫，統一辦理，款由各補給區就近發給各訓練班。

伍、指示事項

一、第三廳注意辦理香港方面請求之事：

    1. 英方要求於八月十五日將部隊運完，如須繼續運輸，應早為通知，又因租用民房已退，應借用帳篷。

2. 碼頭軍用時期已滿，恢復商用，須出租金。

3. 我方軍紀有不良情形，照國際公法辦理。

4. 如須在港方設置電台，須用公開方式依外交手
   續辦理。

二、尚存安南之物資，不可破壞，由林次長與黃總司令
查明究有若干？即派足量船隻前往一次全部運回。

三、聯勤總部應即設法用船於本月底將留渝人員迅速
運京，同心、同德二艦，應迅速修好備用。

四、各單位以後凡承辦呈主席及部長之行文，一律用
參謀總長之名義，各廳局長為參謀總長之幕僚，
不必署名；至各總司令呈主席時，可用參謀總長核
轉主席字樣；主席直接命令某單位辦理某項業務
時，呈復仍由參謀總長核轉；以後凡奉到主席之
手令，承辦時對尚應完備之手續，須自行按規定
辦理。

對行政院行文，以用部長名義為原則，各單位辦
稿時，用字須注意禮貌；海軍總部呈參謀總長之行
文，應由海軍總司令署名，呈海軍總司令者，始
可由參謀長或各單位署名。

第七次參謀會報紀錄

時　　間　三十五年七月十六日上午八時至十一時半

地　　點　國防部會議室

出席人員　國防次長　　　　林　蔚　劉士毅

　　　　　參謀次長　　　　劉　斐　郭　懺　郭寄嶠

　　　　　陸軍總部　　　　林柏森

　　　　　空軍總部　　　　周至柔

　　　　　海軍總部　　　　周憲章

　　　　　聯勤總部　　　　黃鎮球　陳　良

　　　　　總長辦公室　　　周彭賞　張家閑

　　　　　各廳局長　　　　錢卓倫　鄭介民（冀　愚代）

　　　　　　　　　　　　　張秉均（李樹正代）

　　　　　　　　　　　　　趙一肩（楊業孔代）

　　　　　　　　　　　　　方　天　錢昌祚

　　　　　　　　　　　　　鄧文儀（李樹衢代）

　　　　　　　　　　　　　余正東　杜心如

　　　　　　　　　　　　　趙志垚（紀萬德代）

　　　　　　　　　　　　　吳　石　徐思平　晏勳甫

　　　　　聯勤總部各單位　孫作人　錢壽恒　張　鎮

　　　　　　　　　　　　　劉慕曾　吳子健　吳仲直

　　　　　　　　　　　　　黃顯灝

　　　　　中訓團　　　　　黃　杰

主　　席　參謀總長

紀　　錄　張一為　鄧宗善

會報經過

壹、檢討上次會報實施程度

一、總長指示:

    1. 在日本購買美方吉普車千輛事,應停止進行。

    2. 中訓團隸屬於行政院,歸本部指揮。

    3. 對人事工作,目前最重要者,莫過於辦理退役,凡應予退役及志願退役者,應迅速辦理;第一廳速將退役、服役、轉業三種名冊造好,以後用人須在軍官總隊服役名冊中選用。

    4. 派往安南運回接收物資之船之已出發否?

黃總司令答復:

尚未開出。

二、第二廳龔副廳長報告:

    冬季轉瞬即屆,國軍在東北之防寒裝備(不限於衣服、馬匹、汽車、武器等所需要之寒地裝備均在內),主管單位,須注意早為辦理。

三、經理署陳兼署長報告:

    1. 本(十六)日下午四時,在中山東路經理署召開東北、內蒙部隊防寒服裝小組會議,請空軍總部及三、四廳派員參加出席,共同研討。

    2. 眷屬食米及生活必需品補助,擴大至全國部隊辦法,擬暫緩施行。

四、海軍周參謀長報告:

    海軍之雷達設備,當第四次參謀會報時,經奉總長指示,仍留各艦上應用,其餘在台灣接收日本之防空雷達,已由空軍接收矣。

貳、報告事項

一、劉參謀次長說明各單位目前工作上應注意之事項：

    1. 目前時局，明鬆暗緊，關內各地，共匪全面進攻，凡第三廳向各單位要求辦理事項，須不分晝夜辦到，彼此精誠合作，達到作戰要求。

    2. 首都治安，關係重大，前曾召開衛戍會議，有所討論，最近應再舉行座談會一次，以便有所改進，由第三廳承辦召集事宜。

    3. 第三廳辦一通令，嚴飭各部隊報告情報、戰報，務期真實。

    4. 在東北及北方之國軍，冬季應有之各項防寒裝備，應早日辦好，請聯勤總部與第二廳會商，第二廳應供給此項有關之情報。

    5. 部隊各項新式裝備，來自盟邦，補充不易，對器材消耗之節省，與乎浪費之避免，先從各單位做起，各就主管業務範圍，計畫如何要求部隊切實來做。

總長指示：

此點關係重大，新裝備之使用、保管、節省等事，由聯勤總部、三、四、五各廳開小組會議，會同研究，並由第四廳召集，提出實際有效之辦法，即通令遵行。

二、第二廳龔副廳長報告：

    1. 情報報告（略）。

    2. 第二廳已有電台與東京朱團長直接通電，各單位有電拍往時，可交第二廳代發，當日可到。

    3. 邊務研究所，擬於第三期學員結業後予以撤

銷，嗣後對邊務人才及邊疆諜報參謀之訓練，即
併入本部之諜報參謀學校內辦理，當否？請示。

決定：

如擬辦理。

三、陸軍總部林參謀長報告：

本部營房，仍無著落，辦公即將開始，就應如何
辦理？請示。

總長指示：

原軍令部營房，由衛戍司令部使用，陸軍總部暫駐
三十四標，惟該處係醫院建築，不適辦公之用，而本部
擬設立之陸軍醫院，即預訂住此，陸軍總部仍屬暫住性
質，根本須另行選覓，目前即商洽中央醫院搬遷，以便
陸軍總部移入。

四、海軍總部周參謀長報告：

1. 昨、今兩日已分別開有一艦至江陰附近，警戒
   江面。
2. 青島海軍訓練費，美方需百萬美金匯款，請速
   撥用。

總長指示：

1. 周參謀長即日親往巡視一次，務使匪徒不能過江，
   此點海軍須負全責，並與李總司令切實連繫，二、
   三兩廳注意與海軍連繫，並注意其使用。
2. 兵艦回國，可分別對官兵訓話，毋須讌會。
3. 回國艦隊之官兵，應作短期精神訓練，使明了目前
   任務與革命責任，此點最為重要，海軍總部應負責
   迅速完成此項工作。

4. 即訂出一個禮拜之訓練計畫呈核，以便艦隊到達後開始實施。

5. 艦名須重新審定，除以重要之名人命名外，餘均以編成號數為原則，由海軍總部主持，一、三、五廳派員參加，開小組會議，研究審定後呈核。

6. 青島海軍訓練經費，應迅速撥付，除由電話報告宋院長外，財務署孫署長即刻辦理。

參、討論事項

第四廳通信業務與通信署職掌劃分案（第四廳提）

總長指示：

此乃計畫階層與執行階層業務劃分之全般性問題，非僅第四廳與通信署始有此類問題，可交由改組委員會作整個研究，全部解決；總之由上而下言，廳局為計畫機關，四個總司令部為執行機關，由下而上言，四個總司令部根據計畫所擬訂之執行計畫，廳局為參謀總長之審核機關，重在注意全般性之聯繫。

肆、指示事項

一、關於明年度施政方針，文字宜簡單，請林次長加以修正。

二、各單位主官，須體諒國家財力維艱，凡必須支用之經費，本人自應負責籌付，但不十分必要之支用，應盡力節省，或免予支用為是。

三、各單位主官，須矯正辦文而不辦事之毛病，對於各種業務，須注重其實施。

四、聯勤總部對車輛分配，不必拘泥於每一主官一輛
之規定，凡業務上需要車輛之單位，例如二、三兩
廳，應配發一輛，俾能隨時有車一部供緊急之用。

五、通信署對電話應加以整理，速行改良，目前本部
與六合間之電話尚且聲音不明，遠者可知，凡至
徐州、上海間，本部最低能隨時與軍長通話，不
受任何阻礙，又無線電話機須替本人專備一部，
期能與各軍長直接通話。

第二、三兩廳主管辦公室之電話，晝夜須不斷有
人守候，各單位與作戰均有關連，電話亦應經常
派人守候。

六、新兵役法須與軍區制度配合，兵役局注意。

七、和平日報登載軍方不確實之消息，由新聞局查
明，並轉飭其以後注意。

八、各單位對營房應力求經濟使用。

九、職員眷屬住宅糾紛案件，各單位主官注意調查清
詢，負責解決，免由本人直接親自處理。

十、凡會報中之報告或提出討論之事項，必須與各單
位有關者始行提出，否則屬於單獨請示而不屬於
會報範圍，希望一致注意，節省會報時間。

第八次參謀會報紀錄

時　　間　三十五年七月二十三日上午八時至九時四十分
地　　點　國防部會議室
出席人員　國防次長　　　　林　蔚　劉士毅
　　　　　參謀次長　　　　劉　斐　郭　懺　郭寄嶠
　　　　　陸軍總部　　　　林柏森
　　　　　空軍總部　　　　周至柔
　　　　　海軍總部　　　　張錫杰
　　　　　聯勤總部　　　　黃鎮球
　　　　　總長辦公室　　　周彭賞　張家閑
　　　　　各廳局長　　　　錢卓倫　鄭介民（龔　愚代）
　　　　　　　　　　　　　張秉均　趙一肩（楊業孔代）
　　　　　　　　　　　　　方　天　錢昌祚　鄧文儀
　　　　　　　　　　　　　余正東　杜心如　吳仲行
　　　　　　　　　　　　　吳　石　徐思平　晏勳甫
　　　　　聯勤總部各單位　郗恩綏　吳仲直　楊繼曾
　　　　　　　　　　　　　孫作人　錢壽恒　張　鎮
　　　　　　　　　　　　　劉慕曾　陳春霖　吳子健
　　　　　　　　　　　　　黃顯灝
　　　　　中訓團　　　　　黃　杰
主　　席　林次長代
紀　　錄　張一為　鄧宗善

會報經過
壹、檢討上次會報實施程度
一、中訓團黃副教育長、第一廳錢廳長報告：

　　派赴各軍官總隊督導辦理退役之督導員，擬請留
　　隊繼續督導。

主席指示：

1. 可繼續留隊，協助總隊長辦理退役事宜。
2. 總長對應退役人員，指示應迅速退役，現在各軍官
　　總隊應一面辦理退役手續，一面請發退役金，某總
　　隊退役手續先完成者，即先行退役。

二、由第四廳召集小組會議，三、四、五廳派員參加，
　　討論新裝備之保管、使用、節省一案，第四廳決
　　定在一星期內辦理此事。

三、財務署孫署長報告：

　　撥付百萬美金匯款，為留美海軍訓練經費，非青
　　島海軍訓練經費，請修正紀錄。

貳、報告事項
一、聯勤黃總司令報告：

　　1. 總長指示七月底將留渝人員，全部運京，現重
　　　慶船隻，均被行營控制，裝運部隊，故不能如
　　　限完成，仍催加緊運輸。

　　2. 整編後復員士兵，已報者有二萬五千人（蕪湖集
　　　中八千人），應即從速分別遣送回籍，以免滋
　　　生事端，惟因填表及各種手續繁難，不免拖延
　　　費時，擬請簡化手續，以便迅速處理，請兵役

　　　局承辦通令，飭各省迅速成立復員站，並將志
　　　願服役者撥補部隊，不願服役者派軍官率領，
　　　送交各省復員站，請新聞局派人前往慰勞，請
　　　預算局對此項經費之支付，須從權辦理。

兵役局代電為關於辦理復員士兵遣送回籍情形復請查照由

　　　　　　　　　　　　　　　　三十五年八月六日

參謀總長辦公室賜鑒：

三十五年七月廿四日總辦一字第0020號公函敬悉，查
關於各省成立復員站，業經本局辦令分飭即日成立辦理
復員士兵遣散回籍事宜，至已收容仍可服役士兵，亦經
七月二十日聯勤總部召開復員士兵遣送會議中議決，
「由收容機關以最速方法報請聯勤部迅商兵役局飭撥部
隊」等語紀錄在案，謹復請查照為

　　　　　　　　　　　　兵役局（卅五）役常三印

二、總長辦公室報告：

　　1. 關於本部行文，所用主席、部長、總長名義及
　　　　蓋用印信各種規定，奉飭照次列四項指示辦理：

　　　（甲）對行政院暨各部、會、行政機關等行文，
　　　　　　以用部長名義，蓋用部印為原則。

　　　（乙）對軍事機關、部隊、學校等行文，均用參
　　　　　　謀總長名義，蓋參謀總長印。

　　　（丙）用主席名義發布公文時，應向文書組領用
　　　　　　國府預印之代電紙（領用代電紙申請書附
　　　　　　發），但對行政等院及各部、會非萬不得
　　　　　　已時不用主席名義行文為原則。

（丁）用主席名義發布軍事機關、部隊、學校
　　　者，一律用「國防部」銜公文紙，蓋參謀
　　　總長印（旁邊註提印二字）。

2. 國防部成立後，對於行文規定甚多，惟各單位
　之擬稿及核稿人，未能全照規定辦理，請各單
　位主官，加以注意，並各自責成辦公室主任負
　責審核，以免紛歧，有違規定。

三、第五廳方廳長報告：

英國參謀班，我國名額為二名，受訓其間三個
月，是否照派，考試是否仍由現考試委員會辦
理，請示。

參謀次長劉指示：

本案交由第三廳辦理，以一個人為限，原則上指派適當
人員，必要可考選適當人員。

參、討論事項

一、接收軍委會辦公廳之移交案（總長辦公室提）

關於軍委會辦公廳移交案，茲擬具接收辦法如左：

一、接收時間：卅五年七月廿五日（即星期四）上
　　午八時半，各單位派出之人員一律在特勤處集
　　合，由特勤處長錢壽恒率領指揮前往接收。

二、接收項目及接收單位：如附表。

三、監交人員：（軍委會辦公廳來函要求）擬請派
　　國防次長擔任（因軍委會辦公廳與國防部總長
　　辦公室之移交）。

右擬當否，提請公決。

附表一

軍委會辦公廳各組（處）移交本部各項項目一覽表

單位	業務區分	移交項目	本部擬派接收單位	備考
第一組	參謀（軍事）	檔案	聯勤總部副官處接收	
第二組	總務	26年各處結束交存案卷		查該項案卷歷時已久，似失時效，擬飭其自行焚燬
		檔案	聯勤總部副官處接收	
		營產	聯勤總部營造司接收	
		財產（木器物品等）	木器物品聯勤總部營造司會同特勤處接收	
		車輛及器材	聯勤總部運輸署特勤處會同接收	
		軍樂器材	擬由聯勤總部接收	
		印刷器材	擬由聯勤總部副官處接收	
		傳達運輸消防隊人員	擬由聯勤總部特勤處接收	
		警衛勤務	擬由本部警衛一團接替	
		醫務所	擬由軍醫署接收	
第三組	人事	檔案	擬由第一廳接收	
		重次要檔案	擬由聯勤總部副官處接收	該組大部份檔案尚在渝
法制處		檔案	擬由部長辦公室法制司接收	該處大部份檔案尚在渝
考核處		檔案	由監察局接收	
附記	副官處接收各種檔卷後應施檢閱，與各單位有關者仍分發各單位保存，其餘由副官處彙總保存，其無價值者焚燬之			

決議：

1. 法制處檔案，因部長辦公室法制司尚未成立，由該處按手續自交自接。

2. 考核處檔案，因監察局尚未成立，而其業務又不全屬監察局接管，茲規定暫由聯勤總部負責接收。

3. 監交人由劉次長士毅擔任。

4. 餘如擬照辦。

二、新舊機構結束成立，關於人員及薪餉處理辦法案
　　（總長辦公室、改組委員會提）

決議：

1. 改組期間新舊機構官佐薪餉銜接辦法，及舊機構編餘官兵安置辦法，兩案併案整理。

2. 原提案遺列附屬單位，應加入一併解決。

3. 由改組委員會召集會議，專案討論，新舊機構主要負責人（由改組委員會決定）、各總務及會計負責人員均須參加。

4. 改組委員會召集會議應解決之重要事項：第一，查明附屬單位究有若干？第二，附屬單位之保留及編併；第三，新舊機構之結束成立，不作硬性統一之規定，查明某舊單位何時可以結束，某新單位何時可以成立，按其實際需要時間，分別決定，舊單位一經結束，對編餘人員安置辦法，仍照提案所擬五項辦法辦理。

5. 各單位事前應妥為準備，俾討論切實，並求一次澈底解決。

6. 討論後，仍由改組委員會提出加以決定。

三、抗戰殉職官兵遺族還鄉補助案（聯勤總部提）

決議：

本案原由前軍委會辦公廳主辦，現移歸聯勤總部撫卹處承辦。

四、紀念週案移下次討論。

第九次參謀會報紀錄

時　　間　三十五年七月三十日上午八時至十二時

地　　點　國防部會議室

出席人員　國防次長　　　　林　蔚　劉士毅

　　　　　參謀次長　　　　劉　斐　郭　懺　郭寄嶠

　　　　　陸軍總部　　　　林柏森

　　　　　空軍總部　　　　周至柔

　　　　　海軍總部　　　　周憲章

　　　　　聯勤總部　　　　黃鎮球　陳　良

　　　　　總長辦公室　　　周彭賞　張家閑

　　　　　各廳局長　　　　錢卓倫　鄭介民（冀　愚代）

　　　　　　　　　　　　　張秉均　楊業孔　方　天

　　　　　　　　　　　　　錢昌祚　鄧文儀　余正東

　　　　　　　　　　　　　杜心如　趙志垚（紀萬德代）

　　　　　　　　　　　　　吳　石　徐思平　晏勳甫

　　　　　聯勤總部各單位　郗恩綏　吳仲直　楊繼曾

　　　　　　　　　　　　　孫作人　錢壽恒　張　鎮

　　　　　　　　　　　　　劉慕曾　陳春霖　吳仲行

　　　　　　　　　　　　　黃顯灝

　　　　　中訓團　　　　　黃　杰

主　　席　總長陳

紀　　錄　張一為　鄧宗善

會報經過
壹、檢討上次會報實施程度
一、總長指示：

　　1. 軍官總隊選派優秀幹部，按每軍部百伍十名，每師百名之員額，分發繼續服務案，至遲八月底即須辦好。由中訓團、第五廳會同派員赴各軍官總隊辦理，不要靠文電往返，以期節省時間。凡志願繼續服役者，應先檢驗體格年齡，合格者始准參加學術科考試，考選委員會可以保留，擔任此項考試。

　　東北行營需要之幹部可多撥數千人。

　　2. 本部對行政等院及各部會「非萬不得已時不用主席名義行文案」，應改為絕對不用主席名義行文。

二、更正事項：

　　本部接收軍委會辦公廳之移交，監交人為林次長蔚。

貳、報告事項
一、情報報告（第二廳龔副廳長）略
二、戰況報告（第三廳張廳長）略
三、空軍周總司令報告：

　　1. 陸空連絡組到達配屬部隊，食宿及交通均成問題，可否請聯勤總部通令配屬之部隊絕對負責辦理。

總長指示：

應照辦。

2. 各地已成立之防空司令部，因通信器材缺乏，效力微小，可否請聯勤總部速向英美購買雷達（接收日本之雷達，經整理後，效力甚微），以便今年下半年度施行訓練，明年防空情報，始有辦法。

總長指示：

第六廳應將現有之雷達，不論新舊，全部調查整理，研究利用；又空軍總司令部與第三廳，應先會同研究重要都市之防空辦法，應否向英美購買雷達，由空軍總司令與第六廳研究辦法核辦。

3. 空軍投物所需之傘籃，擬請均由聯勤總部供給配備，至空軍原保有者，擬即交出統一辦理。

總長指示：

聯勤總部注意，以後只准被圍部隊，始由空軍投送糧彈。

4. 空軍基地（機場）之警衛部隊，空軍警衛兵力，不敷分配，請通飭各部隊應派隊協助警衛。

總長指示：

應飭各部隊負責，加強警衛，第三廳辦。

5. 各廳局所需之空軍參謀，擬建議不任副主官，每單位派二人至三人擔任聯絡工作，受各主管官之指揮。

總長指示：

海空軍情形相同，一般階級均低，各單位調用此項人員，可均照此辦理。

四、海軍周總參謀長報告：

    1. 總長對歸國之八艦士兵訓話：人事方面，指示品學能力優秀者，可以升為下級軍官；福利方面，飭迅速舉辦；此與第一廳及聯勤總部關係最大，特提請注意。

    2. 海軍軍官學校招生，擬請將到京複試日期，展至九月十日，以期普遍。

總長指示：

1. 海軍階級不可紊亂，第一廳負責整理。

2. 福利事務，陸軍先就國防部辦理，海空軍擴大至全體，聯勤總部即根據此項原則，計劃推動。

3. 由美歸國之海軍，所用軍語，不合本國習慣（如官長稱官員、兵稱練兵、砲幾門稱為砲幾尊），由第五廳調查研究後加以改正；又指揮用英語一層（受美訓練之陸軍亦復如此），亦應改用本國語，方為合理。

4. 海軍招收初中學生，授以預備學校教育，殊不經濟，以後應直接招考高中畢業學生。

5. 招考海軍，應在青年軍、復員軍官、軍官學校及預備學校中盡量選取。

6. 選送海外學習海軍之學生，顯宦之子弟及其所介紹者，大多不能耐勞吃苦，應勸其改習他種學術，海軍總部切實注意。

7. 海軍招生各省初試，仍如期舉行，免考生久候。

五、新聞局鄧局長報告：

    1. 各級政治部在剿匪時期，其名稱制度是否予以變更？

總長指示：

應隨整軍工作加以改變。

    2. 各保安司令部處之政治部，應否保留，或依行政院規定辦理。

總長指示：

此項政治機構，隨其本機關之撤銷與存在連帶解決。

    3. 收復區群眾工作，是否由政治工作總隊統籌辦理，抑與黨團配合辦理。

總長指示：

暫照現狀辦理，可由黨團主持政工人員與之配合，軍隊爭取民眾之唯一辦法，端賴紀律嚴明，故新聞局之工作重點，在發揚精神教育，切實達到軍民合作之目的。

六、兵役局徐局長報告：

    1. 軍官佐退役俸之發給，部令飭本局核放，刻復明令規定由財務署主辦，請第一廳辦令更正。

    2. 備役幹部訓練之主辦機關，前規定為兵役局，繼為陸軍總部，近聞專設備役幹部教育處辦理，請早確定以便遵照。（改組委員會辦）

七、測量局晏局長報告：

    1. 請編配空軍人員

空軍周總司令答復：

空軍無測量人員。

第二廳龔副廳長說明：

軍用地圖之測製技術與保管，由測量局負責；核發由第二廳主管，奉諭照辦。

　　2. 本局遷住新址，擬俟折裝預算核定後即行遵辦。

總長指示：

關於運輸及折裝工程，由聯勤總部辦理。

　　3. 北平及武漢行營電催補充所轄各省地圖甚急，因尚儲重慶，請在渝派機分別專送。

總長指示：

武漢行營，可用船運輸；北平行營所要者，須將「重量」、「體積」詳為計算，送渝空軍司令部設法運輸。

參、討論事項

一、本部紀念週舉行時間及辦法決定案（總長辦公室提）

決議：

1. 聯合紀念週（各廳局及各總司令部）每月第一星期之星期一上午十時三十分舉行，參加人員為少校以上軍官佐屬（臨時仍須通知）。

2. 其餘紀念週由各總司令部自行舉行。

3. 國府紀念週，仍按規定人員出席。

　　本部人員出席國府紀念週，座位之前排為高級人員，由第一廳排定座次，座時不宜留有空位，如有缺席者，應挨次移動補滿座位。各出席人員之服裝，亦由第一廳規定，以期整齊劃一。

二、審議盟方對我駐日佔領軍提請事項案（聯勤黃總司
　　令提）

總長指示：

1. 不宜攜帶眷屬。

2. 注意精神食糧及軍中文化。

三、東北、內蒙部隊防寒服裝籌備情形案（聯勤陳副總
　　司令）

決議：

1. 補充團應算在編制以內。

2. 國軍以外之其他部隊，中央不籌發防寒服裝。

3. 在東北各部隊有無故損失之防寒服裝，應查究。

四、配發官佐肩章領章案（聯勤陳副總司令提）

決議：

1. 除出國部隊可先配發外，其餘仍於明年開始實施。

2. 其他事項，由第一廳召集有關單位研究，決定適切
　　辦法。

五、彈藥補充案（兵工署楊署長提）

總長指示：

1. 由聯勤總部召集有關單位開會研究，提出解決辦
　　法，呈核施行。

2. 東北部隊確屬急需之彈藥，似應迅速補給，並宜派
　　高級人員前往說明，使其了解全國械彈實際情形。

3. 兵工署將全國械彈狀況，迅速列表呈閱。

六、國防部各單位須額外僱用電務及打字員員額案（副
　　官處陳處長提）

總長指示：

1. 電務員員額照編制規定。（打字員未決定）

2. 可斟酌僱用女打字員。

3. 舊機構所有電務人員均須留用，並由第二廳先對此
　　項人員，加以訓練考核。（打字員訓練未決定）

七、鄭廳長介民請示補給區組織案（第四廳副廳長提）

決議：

補給區之分區，仍照我原定辦法辦理，至美方之建議，
在組織與編制方面，可以參考採用。

八、軍官總隊人事經理事項案（中訓團黃教育長提）

　　1. 集中轉業訓練之軍官，應請予以優先輸送。

決議：

由運輸署承辦。電重慶行營及各地交通主管機關，准予
優先輸送。

　　2. 請確定中央各軍事機關軍官大隊之性質。（此
　　　　為臨時的，隸屬各結束辦事處）。

　　3. 無職軍官，請發勝利獎金案。

決議：

照規定應不發給，已發者應令飭繳還，並追究責任。

　　4. 一次退職退役金及旅費之發給，可否以奉到退
　　　　職退役令文之日為標準，計算發給。

決議：

以奉到退職退役令之日為標準。

　　5. 譯員待遇，自七月份起如何調整，請速公佈。

決議：

交聯勤總部核定。

肆、總長指示事項

一、各部隊軍風紀日見退步，聞在東北之軍官多有日本下女，陝西駐軍有販賣煙土者，第二廳派人查明具報。

二、第一、三兩廳應切取連繫，剿匪期間，以作戰成績作考績標準，不使有任何私的關係。

三、禮拜一之中常會、禮拜二之行政院例會及禮拜三之國防最高委員會，二、三兩廳對於情況、戰況報告應研究方法，應預先準備使及時可提出報告，惟調製報告時，應簡單扼要，不可如流水帳。

四、今春山洞會議室，二、三兩廳所製之圖表，頗為適用，以後即依照此種方式，隨時按現在情況調製，準備應用。

第十次參謀會報紀錄

時　　間　三十五年八月六日上午十時至十一時四十分

地　　點　國防部會議室

出席人員　國防次長　　　林　蔚　劉士毅　秦德純

　　　　　參謀次長　　　劉　斐　郭　懺　郭寄嶠

　　　　　陸軍總部　　　林柏森

　　　　　海軍總部　　　周憲章

　　　　　聯勤總部　　　黃鎮球　陳　良

　　　　　總長辦公室　　周彭賞　張家閑

　　　　　各廳局長　　　錢卓倫　鄭介民（龔　愚代）

　　　　　　　　　　　　張秉均　楊業孔　方　天

　　　　　　　　　　　　錢昌祚　鄧文儀（李樹衢代）

　　　　　　　　　　　　劉　翔　杜心如

　　　　　　　　　　　　趙志垚（紀萬德代）

　　　　　　　　　　　　吳　石　徐思平（鄭冰如代）

　　　　　　　　　　　　晏勳甫

　　　　　聯勤總部各單位　郗恩綏　吳仲直　楊繼曾

　　　　　　　　　　　　錢壽恒　劉慕曾　陳春霖

　　　　　　　　　　　　吳仲行　黃顯灝

　　　　　中訓團　　　　黃　杰

主　　席　參謀次長劉代

紀　　錄　張一為

會報經過

壹、檢討上次會報實施程度

一、中訓團黃教育長報告：

東北行營需要之幹部，現已報來者有四千人，通令一律集中上海，以便輪運；惟此項人員，根據復員官兵安置計畫委員會之規定，係前往屯墾，故素質當不等齊，設若係由行營撥派部隊繼續服役，仍應照規定選拔，請示此項幹部，性質就屬如何？以便確定選拔標準。

次長林指示：

此應分為兩面辦理，即屯墾人員，為地方武力之基礎，與國防有密切關係，選拔仍當從嚴，至繼續服役者，則應按照規定標準，在正式軍事學校畢業者中，從嚴選取。

二、打字員僱用名額及訓練：

決議：

1. 各單位如需僱用打字員，可臨時呈請核定。

2. 現在可由第二廳就現有文書人員，負責加以訓練，以不妨害固有職務，每日以二小時為原則，各單位在一週內將學習打字人員，及所需中文打字機、新式油印機等之數目，開列種量送第二廳，以便向聯勤總部接洽彙辦。

貳、報告事項

一、聯勤陳副總司令報告：

1. 交通警察總隊之預算及補給，應自行負責。

決議：

交通警察總隊，其隸屬關係，應澈底解決，以便加以整理，由二、三、四、五廳，兵役、預算兩局，及經理、財務兩署，開小組會議研究，由第五廳負責召集，提出整理編併辦法。

　　2. 第五軍已自七月十六日起，奉准施行實物補給，第七十三軍，容查報後實施。

決議：

次長郭懺指示：「特種兵、各軍事學校、國防部本身，奉准一律自九月份起，實行現品補給。」希各單位對實施辦法，詳加研究。

二、第一廳錢廳長報告：

　　第二廳已派人開始在各單位偷取公文，保險箱應請從速配發；不然保密問題，難於解決。

聯勤陳副總司令答復：

各單位所需保險箱數目，經理署即擬具辦法，於下次參謀會報提出，決定施行。

參、討論事項

冀熱察綏魯及東北各省臨時緊急軍政措施辦法（院令發下，總長辦公室提）

決議：

一、省主席可予以糾察建議之權，但不可干涉國防軍之統帥權。

二、第二項可分為兩項，軍事人員失職，省府主席可以如何，同時行政人員失職，高級部隊長亦可如

何，宜併案規定。

三、由第一廳研究修正，呈由行政院向國防最高委員
　　會提出修正。

肆、指示事項

參謀次長劉對監察局任務指示：

監察局之主要任務，一為教育、服裝、彈藥等之檢閱，
一為違犯軍風紀之監察，凡有證據者即提起公訴，切忌
演變為特務工作，致失組織本意。又國防部成立後，關
於歸監察局辦理之案件，各單位收到者不少，現監察局
既已成立，應一律將案卷移去。

第十一次參謀會報紀錄

時　　間　三十五年八月十三日上午八時至十一時四十分
地　　點　國防部會議室
出席人員　國防次長　　　　林　蔚　劉士毅　秦德純
　　　　　參謀次長　　　　劉　斐　郭　懺　郭寄嶠
　　　　　陸軍總部　　　　林柏森
　　　　　空軍總部　　　　周至柔
　　　　　海軍總部　　　　周憲章
　　　　　聯勤總部　　　　黃鎮球　陳　良
　　　　　總長辦公室　　　周彭賞　張家閑
　　　　　各廳局長　　　　錢卓倫　鄭介民（龔　愚代）
　　　　　　　　　　　　　張秉均　楊業孔　方　天
　　　　　　　　　　　　　錢昌祚　鄧文儀（李樹衢代）
　　　　　　　　　　　　　劉　翔　杜心如
　　　　　　　　　　　　　趙志垚（紀萬德代）
　　　　　　　　　　　　　彭位仁　吳　石　徐思平
　　　　　　　　　　　　　晏勳甫
　　　　　聯勤總部各單位　郗恩綏　吳仲直　楊繼曾
　　　　　　　　　　　　　孫作人　黃顯灝　錢壽恒
　　　　　　　　　　　　　劉慕曾　陳春霖　吳仲行
列席人員　第二廳　　　　　張炎元
　　　　　聯勤總部　　　　張孔容　楊長卿
主　　席　參謀次長劉代
紀　　錄　張一為

會報經過

壹、檢討上次會報實施程度

劉參謀次長對監察局任務之補充：

一、修正紀錄：關於監察局之檢閱任務，原紀錄為「教育、服裝、彈藥等等。」一語，應修正為「訓練、經理（被服、糧秣、裝具）、財務、器材等。」

二、補充前次說明：凡違犯軍法之案件，監察局應公開嚴正，維持軍法尊嚴，只有最高統帥可以酌情減刑，其餘概不能任意講情或干與軍法裁判。

貳、報告事項

一、情況報告（第二廳龔副廳長）略

二、戰況報告（第三廳張廳長）略

三、第四廳楊副廳長報告：

各單位派人參觀無後坐力二公分加農砲射擊案（略）

四、總長辦公室報告：

1. 各單位承辦答復美方之備忘錄，應迅速辦理，不能再如過去之迂緩積壓，或竟遺忘未覆，有失信譽，希注意改正。

劉參謀次長說明：

答復美方備忘錄要快，不然，恐如在重慶時美方發生許多閒言；又備忘錄不可用等因奉此一類格式，免使美方了解困難，縱係由主席批准者，亦應以直接語氣答復之。

2. 劉參謀次長與郭參謀次長（寄嶠）業務，有部分對調：保安局業務，改歸劉次長，測量局業務，改歸郭次長。

3. 標準時間，一律以廣播電台時間為準。

五、陸軍總部報告：

魯克斯提議，以送美留學軍官甚少，擬利用在中國現有美械，就地訓練若干人，擔任革新軍事教育之用一案，經與美方及第五廳商決重要事項如左：

1. 先訓練步、砲、機械化三校人員，騎校緩辦。

2. 學員額數各校以不超過百員為原則，以選擇教官助教受訓為主。

3. 訓練期間為九至十二個月，預訂十月一日開始。

4. 所需訓練部隊，各兵科各一個營，由第五廳指派。

5. 訓練地點，擬步校利用湯山彈道研究所，砲校利用湯山原校舍，機校利用該校在徐州所選校址。

茲有提請決定事項如次：

1. 步、機兩校所選學員及辦事人員約三百餘人，請聯勤總部先船運來京，務於九月初旬到達，先來京籌備之少數人員，請准優先搭乘飛機。

2. 所需練習部隊，請第五廳指定，即調南京，勿派其他任務。

3. 擬利用湯山之兩處校舍，飲水及發電設備，請聯勤總部派員查戡修理。

劉參謀次長說明：

與美方往來，最要尊重時間，本案陸軍總部最好先與

聯勤總部商量，將開學時間確定後，再與美方討論進行辦法。

六、空軍總部報告：

請史料局速將抗日戰史編輯竣事，並宜注意英勇事蹟之記載。

七、聯勤總部報告：

1. 本部奉令現於本月十五日改組完成，現時間僅有兩日，科長尚未發表，如何能如限辦理。

劉參謀次長說明：

有案者先以代電發表後呈總長，無案者應加速辦理。

2. 報告營房營具分配委員會於七月十五日成立以來之工作情形（略）。

八、第三廳報告：

綏靖期間，本廳業務特多，人員不敷分配，請設法解決。

劉參謀次長指示：

可簽具意見請核，第一廳應謀過渡辦法，在附員中就陸大畢業者多派人員到第三廳服務；又陸大學員派至本部服務而不報到者，應通令永不錄用。

九、新聞局報告：

八一五紀念盟軍勝利勞軍案，南京於當晚由馬市長主持，在玄武湖招待盟軍官兵，駐京國軍軍官，請決定參加人員之階級，以便通知市政府。

決定：

少將以上人員參加，由特勤處通知各單位，調查人數，以憑辦理。

參、討論事項

一、本部工作計畫之彙辦及工作計畫實施之考核，似應
　　指定機關負責承辦，並改善辦法案（總長辦公室提）

決議：

1. 與第五廳提案四併案討論。（為奉院令，飭成立設
　　計考核委員會，擬具辦法，提出討論。）

2. 行政院令成立設計考核委員會案，第五廳即移送總
　　長辦公室辦復：過去軍委會時代，各機關本身負設
　　計與執行，只考核由上一級機關辦理，現在國防
　　部組織制度不同，設計與執行分開，設計者即係考
　　核者，襄助參謀總長之各廳局，即係設計與考核機
　　構，故無再成立設計考核委員會之必要。

3. 負執行之各總司令部，其對以下之考核，由其自行
　　規定。

4. 計畫機關分別所呈之工作計畫，由總長辦公室彙整
　　綜合後，呈參謀總長核閱；又執行機關所呈之工作
　　實施計畫及實施進度各種表報，亦由總長辦公室分
　　發各計畫主管機關分別加以審核檢討，再彙整綜合
　　後，呈參謀總長核閱，凡此種種由總長辦公室之高
　　級參謀與第一科承辦。

5. 高級參謀承辦此項業務，注意各單位工作之配合。

6. 以後行政院向國防部要設計及考核案時，即由部本
　　部向參謀部要，參謀部即向高級參謀要，高級參謀
　　即向各單位要。

7. 考核辦法及一切表報，至為繁多，前軍委會時代，
　　甚鮮實效，部長總長辦公室還須會同研究改善辦

法，總期簡而易行，切實有效；

考核最重統計數字，力避使用繁冗文字；

考核之表報規定，分成兩面辦理，各單位呈參謀總長者，可依照改進辦法辦理；至呈行政院者，仍須按照其原有之一般規定填寫表報，此由部長辦公室負責，將參謀部送來之表加以改製。

二、用「國防部」名義行文可否蓋用參謀總長印信案（總長辦公室提）

查對各部隊及軍事機關、學校之各種下行文，重要者，用主席（大元帥）名義，因參謀總長係大元帥之幕僚長，故可依提印規定蓋參謀總長印信；次要者，用參謀總長名義，蓋參謀總長印信；至不重要者（如微小瑣碎之事），以不用參謀總長名義而用「國防部」名義為較妥，可否亦蓋用參謀總長印信，免蓋部印，增加送印手續？

決議：

用「國防部」名義行文，可蓋用參謀總長印信。

三、清查各軍官總隊退役金案（總長辦公室提）

查各軍官總隊所領退役金及旅費，為數不少，除南京區發給手續簡單時間迅速而外，其他各地，為防止發生積壓情事，似應迅速派人前往清理。

決議：

由復員業務處、財務署、預算局、中訓團會同研究辦法，迅付實施，由中訓團負責召集。

四、保險箱八七個分配案（經理署提）

決議：

1. 第六廳減一個，第一廳增一個。

2. 剩餘之八個，分配中訓團二個，空軍六個。

3. 餘如擬通過。

五、交通警察經費物品補給案（經理署提）

決議：

1. 預算先應確定範圍，始能編審，凡非軍事範圍內者，本部不編造預算，縱使奉文轉發，亦應在範圍外另行單獨辦理。

2. 所需武器及通信器材，自應由本部代備，但須通知交通部與兵工、通信兩署洽辦。

六、擬具成立合作社原則案（經理署、特勤處提）

決議：

1. 原則上通過：（一）合作社須成立，（二）由公家墊款，（三）成立生活指導委員會（倣前軍令部辦法）負責督導。

2. 合作社總社由特勤處辦理，至於生活指導委員會之組織及督導辦法（分社之應否成立，官兵福利業務之推動等），由經理署、特勤處會同擬具辦法，於下次參謀會報提出討論。

3. 海空軍全體既可發眷屬米，陸軍八年抗戰，頗為艱苦，眷屬米似應一律發給，由經理署提請總長核示。

七、營房營具分配案（營房營具分配委員會提）

決議：

本問題複雜，暫不討論，請示後再定。

八、請撤銷營房營具分配委員會案（營房營具分配委員會提）

決議：

撤銷。嗣後營房營具分配業務，由聯勤總部各主管機關分別逕行負責辦理。

九、南京市政府請開放獅子山一部要塞地區，准業主自由使用案（工程署提）

查市政府僅請求開放熱河路以東、中山路以北各五十公尺內之地區，似可照准，或酌予核減。

決議：

由二、三、四、五廳各派人前往視察後，會簽呈核。

十、決定本部司機編制案（第五廳提）

決議：

從三十六年起，校官小車，一律自行駕駛，不設司機，本年下半年對編制上配有車輛之校官，應設法訓練駕駛技術。

十一、前軍務署所管人馬統計移聯勤總部辦理案（第五廳提）

決議：

1. 通過。

2. 對數字確實與否之考核，由各主官廳局負責（例如第三廳對作戰所報損失消耗，認為實在，即交聯勤總部，否則交由第四廳查明後再交聯勤總部）。

十二、第二期尚未整編部隊是否繼續整編案（第五廳提）

決議：

專案簽請核示。

十三、軍法司副官處改變隸屬案（改組委員會提）

　　　　魯克斯將軍提議：軍法司與副官處，應改隸參謀總
　　　　長，可否俟試驗期滿併案調整，抑或即行調整？

決議：

原則通過，即簽呈總長核示。

肆、指示事項

一、郭（懺）參謀次長指示

　　匪區抗幣處理問題，承認抑不承認？由新聞、民
　　事兩局會同研究，擬具意見呈核。

二、劉參謀次長指示

　　1. 國軍一切裝備，務要制式化指揮、訓練、補給，
　　　 始有辦法，三、四、五廳即開始注意研究。

　　2. 鄭州、武漢通信線路阻斷，通信署即查明處理。

　　3. 兵棋室已修好，情況、戰況圖，二、三兩廳應
　　　 指定參謀負責準備。

　　4. 南京接防部隊已到齊，三廳擬具簡單校閱計
　　　 畫，各單位均參加校閱。

　　5. 水巡總隊，將來撥配海軍，故目前整理，海軍
　　　 總部要多負責任，因其係由陸海湊合，非經整
　　　 理訓練，不能使用，現令其集中鎮江，由第三
　　　 廳主持，海軍及聯勤總部與四、五兩廳，均派
　　　 人參加，先作校閱計畫，對時間、地點、內容
　　　 （注意艦艇、器材、兵員、訓練），分別決定，
　　　 海軍砲艇在鎮江者並參加受校。

第十二次參謀會報紀錄

時　　間　三十五年八月二十日上午八時至十一時二十分

地　　點　國防部會議室

出席人員　國防次長　　　　林　蔚　劉士毅　秦德純

　　　　　參謀次長　　　　劉　斐　郭　懺　郭寄嶠

　　　　　陸軍總部　　　　林柏森

　　　　　空軍總部　　　　周至柔

　　　　　海軍總部　　　　周憲章

　　　　　聯勤總部　　　　黃鎮球　黃　維　陳　良

　　　　　總長辦公室　　　周彭賞　張家閑

　　　　　首都衛戌司令部　湯恩伯

　　　　　中訓團　　　　　黃　杰

　　　　　各廳局長　　　　錢卓倫　鄭介民（龔　愚代）

　　　　　　　　　　　　　張秉均　楊業孔（王金科代）

　　　　　　　　　　　　　方　天　錢昌祚　鄧文儀

　　　　　　　　　　　　　杜心如　趙志垚（紀萬德代）

　　　　　　　　　　　　　彭位仁　吳　石

　　　　　　　　　　　　　徐思平（鄭冰如代）

　　　　　　　　　　　　　晏勳甫

　　　　　聯勤總部各單位　郗恩綏　吳仲直　楊繼曾

　　　　　　　　　　　　　孫作人　黃顯瀨　錢壽恒

　　　　　　　　　　　　　劉慕曾　陳春霖　吳仲行

　　　　　預管處　　　　　賈亦斌

主　　席　參謀次長劉代

紀　　錄　張一為

會報經過

壹、檢討上次會報實施程度

一、由有關單位會商清查各軍官總隊退役金頒發案，
　　改由聯勤總部召集。

二、匪區抗幣處理問題，已奉主席指示，不予承認。

貳、報告事項

一、情況報告（第二廳龔副廳長）略

二、戰況報告（第三廳張廳長）略

三、總長辦公室報告：

　　最近京市軍車肇禍事件甚多，各單位主官對所屬
　　車輛管理，特應注意，總長於六月二日會報中，
　　曾指示四點：

　　1. 所有車輛，形式複雜，行車紀律亦壞，應加以
　　　　整理，務使軍用車與普通車有所區別；

　　2. 軍人坐用之小轎車，應漆成草綠色；

　　3. 所有軍車，重新編定牌號；

　　4. 司機加以訓練。

　　六月二十七日對特種兵幹部訓話時，又指示聯勤
　　總部注意數點：

　　1. 在中央之交通兵，應即集中訓練，切實做到遵
　　　　守行車紀律。

　　2. 憲兵司令部既就南京區組織巡查車，嚴格督
　　　　飭，全國各大都市，亦迅速同樣辦理。

　　以上各項指示，運輸署應迅速辦理，並請衛戍司
　　令部嚴厲督飭。

四、陸軍總部林參謀長報告：

　　本部各署印信官章，自行刊發抑呈請頒發？

第一廳錢廳長答復：

應呈請頒發，希將需用印信官章函知本廳，以憑辦理。

以後凡新成立機構，需要頒發印信時，承辦單位應同時

通知第一廳。

五、空軍周總司令報告：

　　美議員來華，遵第四次部務會報決定，辦理情形

　　如次：

　　1. 預訂八月三十一日到滬，九月二日來京，三日

　　　　飛平，在京僅有一日時間，除與美軍司令部接

　　　　觸外，與我政府往還時間恐不過半日，故無詳

　　　　細準備接談之必要。

　　2. 接待方面，請外交部與美軍司令部商辦，應在

　　　　各方面予以良好印象，以利華府軍事援華案之

　　　　通過。

　　3. 有關單位對準備工作，請注意兩事：第一，國

　　　　軍在補給與訓練上要求援助之程度，應用間接

　　　　方式透過顧問團提出為妥；第二，直接接談之

　　　　問題，由部長、總長出面負責，似不可提出補

　　　　給要求，只在原則上談大的問題，擬請部長、

　　　　總長與院長會商，總期中央高級長官，對外意

　　　　見能夠一致。

劉參謀次長報告：

此後十日剿匪戰報，一面要公布國軍勝利情形，一面須

不背三人協商原則，由第三廳與郭汝瑰會商辦理，以期

適當。

郭參謀次長（懺）報告：

對美議員接談，第一要人民與政府一致，第二要地方與中央一致，由龔副廳長迅將接談原則，函知北平。

六、海軍周參謀長報告：

  1. 山東半島海面海軍俘獲情形（略）。

  2. 偵察黃島，匪方尚無佈雷情事。

  3. 第二炮艇隊已於十九日出發，請聯勤總部準備，關於修理各事項。

指示：

1. 第二廳與海軍總部，應將過去在山東半島海面所有截獲匪方船舶物資，綜合製一報告，以便通知美方，嗣後每隔適當時間，即做此辦理一次。

2. 在海面俘獲匪方人員，須詳細審訊，第二廳須指定得力參謀整理過去審訊資料，並斟酌參加審訊，重要者須解京辦理。

七、聯勤總部運輸署郗署長報告車輛情形：

  在京之吉普車，已全撥發一輛無存，擬購之一百五十輛又未蒙核准，現惟賴昆明修理之一百五十輛駛抵首都後配發，但須俟兩月以後始能達到，其中尚須配發二、三兩期整編部隊，目前各單位紛紛要求配車，實在無車可撥。

  軍械車聯勤總部僅存數十輛，尚須擔任短程軍品運輸，目下亦無法再行配撥。

八、首都衛戍司令部湯司令官報告：

  1. 本部八月底可以組織完成。

2. 京市吉普車隨時肇禍一事，請國防部頒給命令，以便本部根據施行防範。（參謀總長辦公室辦）

九、第三廳張廳長報告：

1. 空襲警報信號，是否仍舊？抑重新規定？如仍舊時，應用何種方式才使民眾全體了解？又星期日上午，過去警惕全國之警報既經停止，嗣後凡星期日上午有空襲警報時即屬真有敵機來襲，又用何種方式才使民眾全體了解？請由空軍總司令部酌辦。

指示：

警報信號仍舊，至於應否正式宣布戒嚴與規定空襲信號一層？第三廳可以書面報告部長，以便向行政院提出確定。

2. 對匪軍投誠事宜，擬請指定單位負責承辦。

指示：

策動屬第二廳，來歸後之整編，應由第五廳負責。

3. 本廳極需自動電話，現所裝者，不能使用，可否由部商洽交通部改善，或由通信署負責承辦？

指示：

一面由第三廳承辦部文，向交通部交涉，一面仍由通信署接洽，可作全部自動電話之改進。

十、新聞局鄧局長報告廬山政工會議情形（略）

指示：

收復區施政綱領，在求民權、民生主義之實現，但有兩個先決問題，應予解決：

其一、指揮系統如何樹立，應研其辦法呈由部長、總
　　　長向行政院提出確定。

其二、主席來電，謂共黨充分發動農民運動，飭研究
　　　其程度辦法，於十日內召集專門人員研究呈
　　　核。此問題若已包含於收復區施政綱領內，即
　　　不另辦，如該綱領包含未盡時，則予補入，否
　　　則當單獨擬具辦法辦理。

本案由新聞、民事及保安三局會同研究，由新聞局主
持，將兩個先決問題提出解決辦法。

十一、預算局紀副局長報告：

　　　新成立之新師團管區，本年經費暫以三個月計，
　　　連同開辦費、旅費，共需二百三十億元，是否
　　　專案呈請追加預算？抑先在軍費內籌撥？

　　　財務署孫署長併案報告：

　　　嗣後各單位請款，須註明已列預算、未列預算，
　　　無預算者應先請增加；又凡追加預算，須一律送
　　　預算局，如直接請批，即無法作整個打算。

兵役局鄭副局長答復：

新兵役機構，計第一、二期成立師管區五十個，團管區
一百五十個，九月份可照預定時間成立，望經費能準時
撥發，至開辦費，當視新管區可能接收舊管區之情形，
分別規定，總以盡量接收管區之設備，不枉增開辦費之
預算為原則。

指示：

1. 凡有舊師管區可以接收者，開辦費即可節省，此可
　　與兵役局商辦。

2. 本年度原有師管區雖撤銷，其經費預算似乎依然存在，可與財務署會同查明辦理。

3. 預算局與財務署，宜適時會同提出有系統之資料與意見，呈部長、總長、主席參考，使其明白預算狀況，以免批准無預算之款項。

參、討論事項

一、成立消費合作社及生活指導委員會案（經理署、特勤處提）

決議：

1. 各單位分設合作社，增加衛戍司令部及中訓團兩個單位，共為三十五個。

2. 消費合作社籌設辦法及生活指導委員會組織，由總務會報研究審核；至於業務推行辦法，應俟生活指導委員會成立後，由其負責解決。

二、無職軍官停止收訓後但繼續請求者甚多，如何辦理（中訓團提）

決議：

1. 無職軍官，應不再收訓。

2. 編餘軍官無條件收訓之辦法應予改善。

三、撥歸各省訓團之各軍官總大隊人員可否展至九月底交撥完畢案（中訓團提）

決議：

1. 可延至九月底，一面報告主席，一面繼續催辦，由中訓團負責，會同第五廳辦理。

2. 分配各省人數，可分別酌減。

3. 各單位凡收到此類文電，迅速移送中訓團辦理。

四、國防高級參謀及參謀甄選與運用辦法案（第一廳提）

決議：

1. 此項額外人員，一律稱部屬參謀（例如部屬中將參謀、部屬上尉參謀、上尉副官）。

2. 餘照辦。

五、編組人民服務隊案（新聞局提）

除運輸署郗署長答復左列二點外，餘無決議：

1. 各部隊新聞機構請准配發車輛一事，即以整編完成全國九十個計算，亦需吉普車八百一十輛，卡車一百八十輛，均無著落，已呈請核示中。

2. 運輸方面，渝漢船隻，均被重慶行營控制，還都、補給及部隊運輸，均成問題，新聞局要求在川之運輸，實無法辦理，運輸署擬將待運情形列表，送請核定優先運輸順序。

六、保安團隊軍官銓敘案（保安局提）

決議：

1. 通過，仍呈部長、總長核定。

2. 長江以南，所有散匪應由保安隊及警察清剿，國軍專剿辦大股匪徒，由保安局準備資料呈由部長，以便出席院會報告說明。

肆、指示事項

據李先念部俘虜供稱，該部突圍前對國軍計畫全部了解，消息全自國防部得來，二、三廳會同查明此案洩漏情形，並望各單位切實注意保密問題。

第十三次參謀會報紀錄

時　　間　三十五年八月二十八日上午八時至十一時十分

地　　點　國防部會議室

出席人員　國防次長　　　林　蔚　劉士毅　秦德純

　　　　　參謀次長　　　劉　斐　郭　懺　郭寄嶠

　　　　　總長辦公室　　周彭賞　張家閑

　　　　　陸軍總部　　　林柏森

　　　　　空軍總部　　　周至柔

　　　　　海軍總部　　　周憲章

　　　　　聯勤總部　　　黃鎮球　黃　維　陳　良

　　　　　衛戍部　　　　湯恩伯（萬建蕃代）

　　　　　中訓團　　　　黃　杰

　　　　　各廳局　　　　錢卓倫　鄭介民（龔　愚代）

　　　　　　　　　　　　張秉均　楊業孔　方　天

　　　　　　　　　　　　錢昌祚（張東泉代）

　　　　　　　　　　　　鄧文儀　劉　翔　杜心如

　　　　　　　　　　　　趙志垚（紀萬德代）

　　　　　　　　　　　　彭位仁　吳　石　徐思平

　　　　　　　　　　　　晏勳甫　張炎元　王　之

　　　　　聯勤總部各單位　郗恩綏　吳仲直

　　　　　　　　　　　　楊繼曾（洪士奇代）

　　　　　　　　　　　　孫作人（陳康華代）

　　　　　　　　　　　　黃顯灝　錢壽恒　張　鎮

　　　　　　　　　　　　劉慕曾　陳春霖　吳仲行

臨時列席人員　西北行轅　宋希濂

江寧要塞　　胡　雄

主　　席　參謀總長陳

紀　　錄　張一為

會報經過

壹、檢討上次會報實施程度

一、第一廳錢廳長報告：

額外人員名義，一律稱部屬參謀，不用副官名義。

二、總長指示：

1. 整飭京市軍車紀律事，運輸署應速將各車牌號裝齊，如一時做不及，亦可將號數漆於車上之適當位置，尤其是吉普車後面更應漆好。（因吉普車後面無號碼）

2. 本部車輛編制，個人乘用者，應盡量核減二分之一至三分之二，交通車則可酌量增加，至發出之車輛，應收回者一律迅速收回。

3. 本部組織伊始，各單位須按職掌辦事，如主席交辦職掌範圍外之業務，可一面報告說明，一面仍移交主管單位辦理。

4. 本部凡奉辦無預算之事業，各單位應注意手續，須先報請增加預算，例如新聞局最近奉辦之業務，兵役局對徵兵工作之開始，經理署對防寒服裝之增加，及遵行現品補給所須追加之經費，設不先行請准預算，實際無法推行。

5. 主管單位，切實留意改善官兵生活之最高原則，即不要被動，應把握實際情形，勿待呼籲

請求，主動的適時予以解決；

經理、財務兩署，可依去年統計方式，速將待遇
改善數字，與物價（或幣值）及文職人員待遇，
由抗戰開始迄現在為止，製一比較表呈閱。

6. 保安團隊官佐銓敘問題，過去者，可以辦理，
以後應移歸內政部主辦，國防部不掌管此事。

7. 留渝未還都人員，連同運京物品，九月底以前
務須輸送完畢，各單位速將留渝人員與物品，
列表送聯勤黃總司令，以憑辦理，不應運京之
物品（包含公文），可分別銷毀、標賣、移交
當地軍事機關使用，以免增加運輸頓位。

8. 二、三兩廳對使用無線通信一層，應確切規
定，通飭遵行，免失機密。

9. 四個總司令部之行文手續，須符合組織系統；
因係直隸主席，而參謀總長為主席之幕僚長，
故對上行文只有兩個對象：一係直呈參謀總長
核奪者，一係須呈主席核示者，呈主席者須加
「參謀總長轉呈」字樣；至於用「參謀總長轉
呈國防部長或行政院長」字樣，均與組織原則
違背。

貳、報告事項

一、情況報告（第二廳龔副廳長）略

二、戰況報告（第三廳張廳長）略

三、總長辦公室報告（張高參家閑）

戰時陸軍呈報表冊格式，係前軍委會辦公廳辦理

者，尚未付印分發，現由戰時轉入平時，中央軍
事機構又已改組，內容恐難盡適用，應交何單位
修正，請示。

總長指示：

分別交主管單位辦理。

四、空軍總司令部報告：

1. 剿匪部隊在非必要時，動輒要求空軍投送糧
彈，空軍實無此力量。

2. 部隊進入匪區，似未能適時構築工事。

3. 部隊行動似不能保守機密，致常為匪所乘。

4. 戰車雖決定以集中使用為原則，但情況或有利時
亦應分散使用，尤其不可以飛機代替戰車使用。

5. 笆斗山油池，前由空軍接收，並加修理，現奉
國防部令交海軍使用，擬請仍由空軍繼續使用。

6. 明年度預算，限九月底造報，前奉指示，預算
應根據工作計劃編造，目前尚未奉到明年度施
政方針，無從擬具工作計劃，故請將預算造報
時間稍予延緩。

總長指示：

1. 部隊為匪所乘，多由於指揮官情況不明，此與情報
工作關係至鉅，第二廳須派人前往指導情報工作，
必要時，龔副廳長亦可一行，親往辦理。

2. 戰車使用，凡精良能戰之軍，可配屬一個營或一個
連，以便追擊行動輕快之匪。

3. 笆斗山油池，現在大部份仍由空軍使用，俟該部其
他各處油池完成後再行移交，至海軍需要臨江之一

部，可逕商洽辦理。

4. 各單位編造預算，應按照規定程序辦理。

五、海軍總部報告：

美海軍顧問團團長莫雷少將通知，謂美總統已將
海軍援華法案正式簽字，望我方早日請美方正式
成立顧問團等語，原法案譯完後即呈閱。

總長指示：

1. 海軍總部限九月底組織成立。

2. 顧問團應迅速成立。

3. 海軍總名冊及船艦狀況表，速行造好呈閱。

4. 駐美陸海空軍人員，須研究整理，使其聯繫一致，應
統一節制於我軍事代表團團長，海軍宜另派妥當人員
前往，各部門均須指定人員負責，不可仍舊混亂。

六、中訓團報告：

1. 發表退役者已多，對將官退役後之保障，正在
研究條例；惟校尉官即將還鄉，對退役後之行
動及保障，尚未獲得明白指示，情緒至為不
安，擬請總長發表告退役軍官書，或用其他方
式，明白予以必要之指示。

總長指示：

由第一、五兩廳與兵役、新聞兩局先行研究，歸郭次長
（寄嶠）召集。

2. 各退役軍官所領旅費有限，請聯勤總部規定還
鄉優先搭乘交通工具辦法，令知各運輸機關遵
辦，以免久滯旅途之苦。

七、第二廳報告：

軍事電報到達承辦單位，費時過久，有達一百五十小時左右者，請通信署調查原因，加以整理。又總長辦公室與第二廳譯電人員均少，而第二廳目前按規定只設人數二分之一，致機要室及軍統局若干編製密碼人員之技術人員，不能容納，又不便讓其閒散，擬請依業務需要，適時增減此項人員。

總長指示：

1. 各部隊動輒用通電式，濫發電報，枉耗時間，聯勤總部研究取締辦法呈核。

2. 第二廳只能按編制用人，不可因人而變動編制。

八、第三廳報告：

江寧要塞司令請求四點：

1. 獅子山營舍請發還。

2. 懇准成立一個總台及守備大隊；

3. 請撥補兵員，

4. 請准成立要塞工程處。

總長指示：

1. 各要塞不准裝置無彈之炮。

2. 京市治安，衛戍及憲兵司令部應切實注意並加強各機關之自衛力量，凡職員士兵，均可武裝，施以必要訓練，由衛戍司令部統一劃分區域，分配任務，即可不必調用部隊擔任，第三廳即擬具其施行辦法，使每一單位均有自衛能力。

九、兵役局報告各級管區司令出發準備情形（略）

參、討論事項

一、人民服務總隊編組計畫綱要案（新聞局提）

決議：

1. 人民服務總隊，應集中南京，運輸方面，直接與聯勤黃總司令洽辦。

2. 新聞、民事兩局職權，應切實劃分。（本案改組委員會正在辦理中）

3. 主席令國防部辦理收復區之工作，應交由各主管單位辦理，以明權責，規畫後，仍應交由各行轅、各綏署執行，不必直接辦理。

4. 新聞局應派督察往前方工作，以期明瞭實際情形，實地指導工作。

二、本部受理人民控案處理原則案（民事局提）

決議：

1. 受理範圍，由民事、監察及保安三局再加研究。

2. 不受理之範圍，可以不必規定，蓋本部只要確切規定受理範圍，凡不在受理範圍者，即屬不應受理之事也。

三、高中學生軍訓業務移交新機構辦法案（軍訓部結束辦事處提）

決議：

照甲案移交預備幹部管訓處接辦。

四、空軍職掌規定第一條是否應予修正案（改組委員會提）

決議：

仍照改組委員會規定辦理。

總長指示：

第二廳只能據編制設人，不可因人而變動編制。（三十五年九月二日）

運輸署對指示防止京市軍車肇禍事項辦理情形摘要表

參謀總長辦公室第一科製呈　　三十五年十月十四日

區分	指示事項	送辦情形
六月二日總長於會報中指示四點	一、軍車與吉普車有所區別	軍用吉普車一律漆草綠色，民用吉普車禁用草綠、紅、白各色，已分知有關機關遵辦。
	二、軍用小轎車應漆成草綠色	已遵照籌劃油漆
	三、所有軍車重新編定牌號	已製定牌照一千塊即分發懸掛
	四、司機加以訓練	已飭本部汽車技術訓練班即擬具計劃集訓
六月廿七日總長對特種兵幹部訓話時指示二點	一、在中央之交通兵應即集中訓練，切實做到遵守行車紀律	已電飭本部汽車技術訓練班迅即籌辦
	二、憲兵司令部即就南京區組織巡察車嚴格督飭，全國各大都市一應迅速同樣辦理	已分電憲兵司令部及全國各大都市迅速遵照辦理具報

肆、指示事項

一、有少數部隊，對空軍依賴心過甚，一經與匪接觸，即要空軍投糧送彈，第三廳應照歷次指示，下一嚴格命令，規定請求投糧送彈時機，非此時機，即予不理。

二、以南通為中心之通信網，聯勤總部應派得力運輸與通信人員前往督辦，俾迅確完成。

三、三、四、五各廳及聯勤總部，應遵主席訓示，隨時將剿匪經驗，派專人蒐集編輯，印發各部隊研究應用。

四、史料局擬呈之明年度工作計畫甚佳，惟當此軍費困難時期，應再劃分步驟，逐次辦理。

各單位對明年工作計畫之策訂，須顧及國家人力、財力、物力真正能作到者始行計畫。

五、青年軍明年九月方開始施行預備幹部教育，目前凡收復區之學生，均一律收訓，編為青年軍，與預備幹部教育不同，由第五廳辦令飭知。

六、測量局所印製之地圖，紙質與印刷均差，模糊不清，應即改善，紙質最低亦須用新五號紙。

七、預備幹部管訓處處長一職，可交蔣副處長接任，彭副處長即辦簽呈呈主席核示。

第十四次參謀會報紀錄

時　　間　三十五年九月四日上午八時至十一時

地　　點　國防部會議室

出席人員　國防次長　　　　林　蔚　劉士毅　秦德純

　　　　　參謀次長　　　　劉　斐　郭　懺　郭寄嶠

　　　　　總長辦公室　　　顏逍鵬（侯志磐代）　張家閑

　　　　　陸軍總部　　　　林柏森

　　　　　空軍總部　　　　周至柔

　　　　　海軍總部　　　　周憲章

　　　　　聯勤總部　　　　黃鎮球　陳　良　趙桂森

　　　　　衛戍部　　　　　湯恩伯

　　　　　中訓團　　　　　黃　杰

　　　　　各廳局處司長　　錢卓倫　鄭介民（龔　愚代）

　　　　　　　　　　　　　張秉均　楊業孔（陳　達代）

　　　　　　　　　　　　　方　天　錢昌祚（張東泉代）

　　　　　　　　　　　　　鄧文儀（李樹衢代）

　　　　　　　　　　　　　劉　翔　杜心如

　　　　　　　　　　　　　趙志垚（紀萬德代）

　　　　　　　　　　　　　彭位仁　吳　石

　　　　　　　　　　　　　徐思平（鄭冰如代）

　　　　　　　　　　　　　晏勳甫

　　　　　　　　　　　　　彭位仁（並代表預管處）

　　　　　　　　　　　　　陳春霖　劉慕曾

　　　　　聯勤總部各單位　郗恩綏　吳仲直（胡碧華代）

　　　　　　　　　　　　　楊繼曾　林可勝（錢繩武代）

孫作人　柳際明　錢壽恒

張　　鎮　吳仲行

主　　席　參謀總長

紀　　錄　張一為　裴元俊

會報經過

壹、檢討上次會報實施程度

一、保安團隊官佐銓敘問題，應遵指示原則，由第一
廳主辦，會副官處、保安局並與有關機關（內政
部），規定辦法實施。

二、總長辦公室報告：

總長指示編輯剿匪經驗，印發各部隊研究應用一
事，究由各單位分別編發抑係統一辦理？請予
確定。

指示：

剿匪經驗，分作戰、補給、訓練，以及組訓民眾等項
目，由三、四、五各廳，新聞、民事兩局，及聯勤總部
各自蒐集材料，分別編發簡單之教令。

三、指示：

測量局改善地圖製印一事，該項紀錄末尾有誤，
應修正為「字體最低亦須用新五號字。」

貳、報告事項

一、情況報告（第二廳龔副廳長）略

二、戰況報告（第三廳張廳長）略

三、陸軍總司令部報告：

1. 本部人事，已陸續選定。
2. 辦公桌椅，尚差三百套。

總長指示：

桌椅由聯勤總部先撥給一部。

四、海軍總司令部報告：

1. 總司令部九月底可以編成，其他各附屬機關之組織，尚須略遲。
2. 第二砲艇隊在邵伯協同二十五師作戰，據黃師長電報，頗為得力，惟嫌砲艇甚少，擬請增派，但該處油彈以及修理缺乏準備，請聯勤總部留意辦理。

總長指示：

1. 海軍在各地之接收機關，即行結束，人員撤回，其有貪污違法者先行扣留，凡接收之軍品與物資等，均交當地最高軍事機關，如當地無高級軍事機關則交當地最高地方政府接收，海軍總部即將整個結束計畫呈核。
2. 廣州區專員劉永誥，由辦公室擬辦電報通知張主任先行扣留，軍品與物資，亦請其接收。
3. 邵伯協同作戰情形，可向劉次長（斐）請示辦理。
4. 海軍耆宿薩鎮冰先生已過退役年齡，生活困難，除按規定給與退役金外，可令簽請主席給予特別補助金。

五、第一廳報告：

政工人事，新聞局擬由該局管理，與總長前次指示國防部各單位應按職權作事之命令相違，已簽請核示，尚未奉批。

主席暨部長、總長直接對各單位交辦人事業務時，均仍請一律交由主管人事機關之第一廳、副官處辦理。

指示：

1. 人事業務，應按照國防部之新組織制度，依職權規定辦理。

2. 各單位對其所屬之人事，有初審與建議之權。

3. 改組期間，積壓人事案件甚多，第一廳及副官處應迅速清結。

六、保安局報告：

　　1. 視察各省保安部隊實施計劃提要（油印分發）

　　2. 保安部隊整訓實施細則（油印分發）

總長指示：

視察實施計劃，應會同有關單位開小組會議，由保安局召集，再加研究修正。

參、討論事項

一、官兵生活指導委員會擬不專設由總務會報兼辦案（參謀總長辦公室提）

決議：

照辦。

二、因成立國防部，在京之舊軍事機構編餘人員，對眷屬房屋租賃，擬請同樣補助每月租金及一次押金案（第一廳提）

林次長提議：

國防部無眷官佐而在外租有房屋者，是否發給每月租金

及一次押金，請併案討論。

決議：

結束辦事處（未撤銷前）之人員及無眷官佐在外租屋之每月租金及一次押金是否應予發給，由財務署召集小組會議，其他有關單位參加研究，提出下次參謀會報決定，編餘人員，應毋庸議。

肆、指示事項

一、陸軍及海軍總部，統限九月底組織完成。

二、舊機構各結束辦事處，統限於十月底撤銷，如尚有未了業務，交新機構接收辦理。

三、存渝公物檔案，限九月底前運京移交新機構接收，朱主任曾請准主席，有暫時停運公物檔案之通令，可由運輸署呈辦簽呈，說明新舊機構業務交接需要，請主席准予先行運京，如九月底尚不能運京時，即由各單位派員赴渝接收，未指定接收之單位，由辦公室會同改組委員會，先加以調查，再明白規定接收單位。

四、有關生活各項補助費用，因預算自始即限於新機構人員，目前不能在範圍外另有規定。

五、剿匪開始，本部應切實辦理次列各事：

  1. 傷病官兵之衣、食、住，及醫藥諸種問題，除已派軍醫署陳副署長前往各地巡視指導外，各有關單位對於傷病官兵生活居住，須注意監督，天氣已漸秋涼，衣服要照規定發給，給養應較一般良好，臥單、軍毯、枕頭，均須發

給，藥品器械，須規定足用，各處醫院，如無良好屋宇可供使用，可請費修理，前線救護組織，務須完備，薪餉副食從入院之日起，即歸院方領發。

2. 東北及關內所需補充兵，應即加強準備。

3. 械彈補給問題，三、四、五廳及聯勤總部，應研究檢討，並作整個打算，凡無法補充彈藥之武器，應預為掉換。

關於當面指示官兵力求節省械彈消耗事，黃副總司令，兵工署楊署長及其他有關單位主官，統一計畫分往前線指示辦法，必要時黃總司令亦可一行。

兵工署即將六月份至現在止之彈藥補給數字，列表呈閱。

4. 北方接收之小麥，因缺乏磨粉機，無法食用，聯勤總部可設法將小型麵粉機運往，則可就地取糧，減少運輸。

5. 前線部隊有若干急切問題，不能靠電文解決，各參謀次長、各總司令副總司令及各單位正副主官，最好親往前線，實地解決部隊困難問題，較切實際。

第三廳擬具分組輪流視察辦法，整個統一計畫，總期常川有重要人員赴前線視察，並有權實地處理所主管之問題，空軍總部應準備飛機一架，專供此種視察運輸之用。

6. 目前國防部之工作，一切以部隊為對象，各單

位主官，應對所屬切實曉喻此種工作要點。

7. 監察局應切實監察部隊，有違法犯紀者，堂堂正正，嚴格檢舉，各單位主官，對自己部屬，不宜護短，應抱嫉惡如仇，愛人如己之旨，協助監察局行使職權。

8. 第一廳審核人事時，應注意其家庭狀況及私生活情形。

9. 出席會報人員，報告與提案，應符合「會報」意義，必須與所有單位或多數單位有關連者，始行提出，至單獨請示或一、二個單位間相互關連之事項，均不應在會報中耗費其他出席人員之時間，嗣後盼切實遵守是項原則。

第十五次參謀會報紀錄

時　　間　三十五年九月十日上午八時至十一時

地　　點　國防部會議室

出席人員　國防次長　　　　林　蔚　劉士毅

　　　　　參謀次長　　　　劉　斐　郭　懺　郭寄嶠

　　　　　總長辦公室　　　顏逍鵬（侯志磬代）

　　　　　　　　　　　　　張家閑

　　　　　陸軍總部　　　　顧祝同　林柏森

　　　　　空軍總部　　　　周至柔

　　　　　海軍總部　　　　周憲章

　　　　　聯勤總部　　　　黃鎮球　黃　維　陳　良

　　　　　　　　　　　　　趙桂森

　　　　　中訓團　　　　　黃　杰

　　　　　各廳局處司長　　錢卓倫　張秉均　楊業孔

　　　　　　　　　　　　　方　天（劉勁持代）

　　　　　　　　　　　　　錢昌祚　鄧文儀　劉　翔

　　　　　　　　　　　　　杜心如（彭鍾麟代）

　　　　　　　　　　　　　彭位仁　吳　石

　　　　　　　　　　　　　徐思平（鄭冰如代）

　　　　　　　　　　　　　晏勳甫　陳春霖　劉慕曾

　　　　　　　　　　　　　王　之

　　　　　聯勤總部各單位　郗恩綏　吳仲直　楊繼曾

　　　　　　　　　　　　　林可勝（陳立樹代）

　　　　　　　　　　　　　孫作人　柳際明　錢壽恒

　　　　　　　　　　　　　張　鎮　吳仲行

主　　席　陸軍顧總司令代

紀　　錄　張一為

會報經過
壹、檢討上次會報實施程度
一、修正紀錄

    1. 陸軍總部所差之桌椅，由聯勤總部籌撥。

    2. 二十五師請增派砲艇至邵伯協同作戰，惟較大之船艇不能駛往，因艇身變換方向困難也．

二、財務署報告

    中央舊軍事機構編餘人員及國防部無眷屬官佐在外租有房屋者，每月是否同樣發給租金及一次押金案，遵決議召集有關單位商討，公決如左：

    1. 編制以外者無此預算，不發房租補助金。

    2. 有眷而尚未來京之官佐，如在外租有房屋者，房租補助金仍照發。

第一廳錢廳長詢問：

未結婚而在外租有房屋之官佐，房租補助金是否發給？

決議：

由財務署另案簽辦。

三、總長指示舊機構各結束辦事處，統限於十月底撤銷案，究應如何辦理？

決議：

1. 各結束辦事處之人事、業務、總務，十月底前應行結束，其辦法由改組委員會召集各結束辦事處負責人及有關單位會議，研究決定。

2. 各結束辦事處之經理部份，可以酌為延長，但均一律集中辦公，直接受預算局或財務署之監督，辦理經理結束業務，其辦法由財務署會同預算局另行召集會議，研究決定。

3. 過十月底，各結束辦事處之名義取銷。

四、兵工署楊署長報告

　　總長指示本部各單位主官分組輪往前線視察，交通工具，是否統一辦理？抑各自洽辦。

空軍周總司令答復：

空軍經常有固定班機飛各要點，可以洽乘。

貳、報告事項

一、情報報告（第二廳王司長）略

二、戰況報告（第三廳張廳長）略

三、陸軍總部報告

　　陸軍總部已開始辦公，惟業務一時尚未走上軌道，應接收之舊機構（尤以軍訓部）與其職權內應辦理之業務，請改組委員會或總長辦公室詳細規定。

指示：

關於前軍訓部主管業務之分別移交，由軍訓部結束辦事處、第五廳、聯勤總部、陸軍總部、預備幹部管訓處、監察局等機關，會同研究決定，由改組委員會負責召集。

四、空軍總部報告

　　1. 空運噸位有限，緊急運輸任務又多，各單位對

空運決定，請遵主席核准原則，凡有陸運水運可通之地點，即不使用空運。

2. 空軍為陸軍運輸所支之耗費，因空軍本身預算，未列有此項課目，請聯勤總部計價記帳，以便請款。

決議：

用記帳方式辦理。

五、海軍總部報告

北巡艦隊與長江艦隊作戰情形（略）

六、財務署報告

行政院已決定將文武機關過去申請之外匯，存於四行而尚未匯出支用者，將於九月底由各銀行折還法幣，現雖未奉明令，但確屬事實，各單位凡已申請之外匯，請於九月底以前，全部匯出，免增以後之申請手續。

七、中訓團報告

調赴東北工作之幹部，大部已集中上海，為便於管理及分配船運起見，前請准成立總隊，現擬請改為東北總隊，一俟上船完畢，即行撤銷，故請解決兩點：

1. 請聯勤總部迅速輸送，因上海營房及環境種種關係，久留易於發生敗壞軍紀情事。

2. 有眷屬者，擬請免費乘船同往，請聯勤總部電知上海運輸機關知照。

林次長答復：

眷屬可免費運輸。

八、第三廳報告

1. 總長指示江寧要塞應迅速成立，獅子山營房，為國府警衛總隊，聯勤總部眷屬及難民住用者，須速行遷出。又總長指撥一部營房，交海軍使用，是否一律遷讓？

聯勤黃總司令答復：

難民可儘先遷出。

2. 我軍與共匪之稱謂應如何確定？以正視聽。

指示：

我軍稱國軍，共匪在國內稱為奸軍，在國外稱為共軍，三廳即將確定此種稱謂理由辦文具呈主席核示。

九、新聞局報告

1. 奉指示：對中共與蘇聯關係不必對外宣傳，部隊長對軍事行動不可發表談話或感想。

2. 人民服務總隊，在杭州者預定本月二十日編成出發，重慶者月底出發，有關裝備、經費，及武器與運輸等，請主管單位提前辦理。

3. 新聞局在軍官總隊及青年軍中挑選之政工幹部，擬利用中央體育場為訓練地址，修繕工作，請工程署、中訓團與新聞局會同辦理，著手進行。

4. 傷兵之醫療、救護及慰勞辦法，擬定後請早付實施。

聯勤黃總司令答復：

1. 人民服務總隊之運輸，在隆昌之千人，車運西北；在綦江之一千五百人，船運武漢，車運鄭州。

2. 政工訓練地點，由工程署與中訓團合辦。

3. 傷兵慰勞，待李副局長（新聞局）將辦法送來時即
實施。

參、討論事項

一、加強人馬統計案（聯勤總部提）

決議：

1. 加強人馬統計並使數字確實辦法，由聯勤總部召集
有關單位（第五廳、監察局均須參加）開小組會議，
提下次會報決定。

2. 派出之連絡組，由聯勤總部承辦通令，一律撤銷。

二、現在之青年軍其待遇應否與抗戰時期之青年軍相
同案（聯勤陳副總司令臨時提議）

決議：

現在之青年軍，性質為收容救濟匪區青年，免誤入歧
途，其待遇應如何規定，由經理署召集小組會議研究，
預備幹部管訓處、新聞局、財務署、預算局，及其他有
關機關，均須參加。

肆、指示事項

一、雙十節及國民大會，為期已近，為預防奸黨擾亂
計，京滬線上之警備，應予加強，目前對可能足
致紊亂秩序之一切因素，各主管單位，均須排除
萬難，於本月底以前，完成預防工作。

　1. 無錫之兩個軍官總隊，即移至太湖以南地區。

　2. 數千退役士兵，滋事已多，應速行遣送，否則

即須集中管理，遷移距京滬線較遠之處。

聯勤黃總司令答復：

為數僅約千人，請兵役局派人前往辦理，可於十日內將其處理竣事。

3. 青年軍到處佔用民房，軍民情感不良，易滋混亂，以即調至京杭國道方面為宜。

二、京市治安，由第三廳承辦命令，飭衛戍司令部召開治安會議，加強治安設施。

第十六次參謀會報紀錄

時　　間　三十五年九月十七日上午八時至十一時

地　　點　國防部會議室

出席人員　國防次長　　　　林　蔚　劉士毅　秦德純

　　　　　參謀次長　　　　劉　斐　郭　懺　郭寄嶠

　　　　　總長辦公室　　　顏逍鵬（侯志磐代）

　　　　　　　　　　　　　張家閑

　　　　　陸軍總部　　　　林柏森

　　　　　空軍總部　　　　周至柔

　　　　　海軍總部　　　　周憲章

　　　　　聯勤總部　　　　黃鎮球　黃　維　陳　良

　　　　　　　　　　　　　趙桂森

　　　　　首都衛戍司令部　湯恩伯

　　　　　中訓團　　　　　黃　杰

　　　　　各廳局處　　　　錢卓倫（劉祖舜代）

　　　　　　　　　　　　　鄭介民（龔　愚代）

　　　　　　　　　　　　　張秉均　楊業孔

　　　　　　　　　　　　　方　天（郭汝瑰代）

　　　　　　　　　　　　　錢昌祚　鄧文儀（李樹衢代）

　　　　　　　　　　　　　劉　翔　杜心如

　　　　　　　　　　　　　趙志垚（紀萬德代）

　　　　　　　　　　　　　彭位仁（曾應龍代）

　　　　　　　　　　　　　吳　石　徐思平（鄭冰如代）

　　　　　　　　　　　　　晏勳甫　賈立斌　劉慕曾

　　　　　　　　　　　　　陳春霖　張炎元　王　之

聯勤總部各單位　郝恩綏　吳仲直　楊繼曾

　　　　　　　　林可勝（陳立樹代）

　　　　　　　　孫作人　柳際明　錢壽恒

　　　　　　　　張　鎮

主　　席　參謀次長劉代

紀　　錄　裴元俊

會報經過

壹、檢討上次會報實施程度

一、修正紀錄：

　　京滬線上有退役士兵，約為六千人。

二、林次長報告：

　　舊機構各結束辦事處結束辦法，已由改組委員會
　　召集會議商定，遵於十月底撤銷，其辦法俟紀錄
　　油印後分送。

三、郭參謀次長（懺）報告：

　　據派赴蘇北視察傷病官兵生活及醫療狀況人員報
　　告，藥品、器材、被服、設備等均甚缺乏，尤以
　　消炎及麻醉藥品更形奇缺，看護不週、病床不足、
　　血衣未換、開水缺乏，前聯勤總部所發藥品器材，
　　部隊尚未領到，希聯勤總部速查明辦理，其傷兵
　　榮譽證亦仍應發給。

聯合勤務總司令部公函（卅六）醫傷 02946 號

　　　　　　　　　　　　三十六年四月十二日

案准貴室（卅五）總辦一字0430號九月二十三日公函
節開，傷兵榮譽證應予發給等由，查該項負傷榮譽證早

經交商承製，因值冬令雨雪連綿，據報印製不便，以致稽延，迄今始獲製就，業經本部將是項榮譽證並附使用辦法分撥各補給區港口司令部供應局轉發各醫院填發各負傷官兵收執，以彰功績，除分電外，相應檢同榮譽證式樣一枚隨函送請查照為荷。

此致總長辦公室

附負傷榮譽證式樣一枚

總司令黃鎮球

像肖席主　　　　像遺理總

漬，及第一次全國代表大會宣言，
須於最短期間，促其實現，是所至囑。

總理遺囑

余致力國民革命，凡四十年，其目的在求中國之自由平等。積四十年之經驗，深知欲達到此目的，必須喚起民眾，及聯合世界上以平等待我之民族，共同奮鬥。現在革命尚未成功。凡我同志，務須依照余所著建國方略、建國大綱、三民主義及第一次全國代表大會宣言，繼續努力，以求貫徹。最近主張開國民會議，及廢除不平等條約，尤須於最短期間，促其實現。是所至囑。

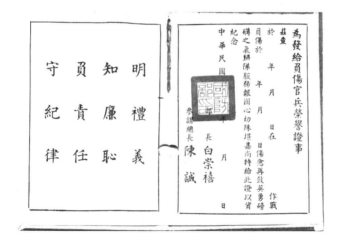

明禮義
知廉恥
負責任
守紀律

為發給員傷官兵榮譽證事

茲查
員傷於
於　　年　　月　　日在
作戰
員傷於　　年　　月　　日傷愈再鼓英勇磅
磚之氣歸隊服務報國心切陳堪嘉尚特給此證以資
紀念

中華民國　　年　　月　　日

參謀總長　陳誠
　　　　　長　白崇禧

中華民國陸海空軍軍人讀訓

第一條　實行三民主義，捍衛國家，不容有違背息怠之行為。

第二條　擁護國民政府，服從長官，不容有虛偽背離之行為。

第三條　敬愛袍澤，保護人民，不容有倨傲粗暴之行為。

第四條　盡忠職守，奉行命令，不容有延誤怠惰之行為。

第五條　嚴守紀律，勇敢果決，不容有廢弛敗衍之行為。

第六條　團結精神，協同一致，不容有散漫推諉之行為。

第七條　員責知恥，崇尚武德，不容有污辱貪鄙之行為。

第八條　刻苦耐勞，節儉樸實，不容有奢侈浮華之行為。

第九條　注重禮節，整肅儀容，不容有輕薄浪漫之行為。

第十條　誠心修身，萬守信義，不容有卑劣詐偽之行為。

四、聯勤陳副總司令報告：

　　1. 加強人馬統計並使數字確實案，業經召集有關單位開會研究，擬將決定辦法專案呈核施行。

　　2. 現在之青年軍，其待遇問題，亦經召集有關單位開會商討，除已改訂部份外，餘均仍照抗戰時期之青年軍待遇辦理。

五、新聞局報告：

　　1. 慰勞傷兵獎金，是否僅限於因綏靖作戰而受傷者？其他未收容綏靖作戰傷病之醫院，是否仍予發給？請示。（未指示）

　　2. 慰勞分四大區域，請指定人選擔任。

指示：

徐州方面，鄧局長文儀。鄭州方面，杜局長心如。北平方面，黃副總司令維。東北方面，劉司長詠堯。（以上按各行轅、綏署管區，但武漢方面併由杜局長辦理。）

六、第二廳報告：

　　黨政軍聯合會議時，第二廳曾將匪區民眾對傷病官兵之扶持及慰勞情形連同我軍目前傷病兵狀況，一併報告，均願發動民眾及黨政各界作慰勞傷兵運動，擬請新聞局與黨政各界洽商辦理。

指示：

新聞局可與接洽辦理。

七、中訓團報告：

　　政工幹部訓練擬利用中央體育場為訓練地點，經與新聞局會同查勘，以原係體育場設備，利用時不宜改建太多，擬請工程署注意此點，以免將來修復困難。

貳、報告事項

一、情況報告（二廳龔副廳長）略

二、戰況報告（三廳張廳長）略

三、總長辦公室報告：

　　英美蘇各國軍事雜誌書籍可供參考者甚多，經簽請批准，由各單位各就主管業務範圍內選購，翻譯後送由本室彙呈備閱。

第一科呈為擬將摘譯各國軍事雜誌書報分由各單位呈辦由

三十五年九月一日

查英美蘇三國軍事雜誌書報，凡可供我國參考者，亟應選購摘譯，以資參考，惟此項工作廣泛費時，非職科現有人員所能勝任，擬將有關軍事方面資料之訂購摘譯工作，分配各有關單位，分別負責，隨時送由本室彙呈參

考。至於有關國際政治社會等評論之書報，由祕書室選購摘譯呈閱，除另列摘譯單位表隨簽請核外，可否之處，請示。

表一　祕書室擬訂閱之報刊

名稱	備考
1. 大美晚報	在沙出版可直接定購
2. 大陸報	在沙出版可直接定購
3. 字林西報	在沙出版可直接定購
4. 密勒氏評論報	在沙出版可直接定購
5. *Political Digest*	（政治文摘）在美國出版由東亞書局南京分社代訂
6. *Asia & America*	（亞美洲月刊）在美國出版由東亞書局南京分社代訂
7. *Foreign Affairs*	（外交季刊）在美國出版由東亞書局南京分社代訂
8. *Time*	（時事週刊）在美國出版由東亞書局南京分社代訂
9. *Nations*	（國際週刊）在美國出版由東亞書局南京分社代訂
10. *Reader's Digest*	（文摘）在美國出版由東亞書局南京分社代訂
11. *China Monthly*	（中國時事月刊） 在美國出版由東亞書局南京分社代訂
12. *Atlantic Monthly*	（大西洋月刊）在美國出版由東亞書局南京分社代訂
13. *Life*	（生活週刊）在美國出版由東亞書局南京分社代訂

表二　擬令各單位訂閱之書報

單位	備考
1. 陸軍總司令部	有關陸軍編制訓練裝備及平時戰時之實力
2. 海軍總司令部	有關海軍編制訓練現有及可增產之艦類及頓數
3. 空軍總司令部	有關空軍編制訓練裝備現有及各廠月產機類及數量
4. 聯合勤務總司令部	有關後勤制度交通運輸及資源與生產狀況
5. 第三廳	有關戰術之演變與國防之設施
6. 第六廳	有關新武器之性能構造與使用
7. 兵役局	有關兵役制度及實施狀況
8. 新聞局	有關宣傳及政工事項
9. 測量局	有關兵要地誌資料

國防部民事局譯述各國軍事書籍調查表

三十五年十一月十九日

譯述	譯名		軍政府與民事
	譯述人	級職	軍薦一階祕書
		姓名	楊廷瑋
	出版年月日		
	發行者		
原著	原名		*Military Government And Civil Affairs*
	原著文字國別		美國
	原著者		美國陸軍部
	出版年月日		一九四三年十二月二十二日
	發行者		美國陸軍部
	內容摘要		本書包含美國海陸軍佔領區軍政府與民事之組織、業務、計劃等甚詳
	備考		本書現節譯參考中，暫不決定出版與發行

四、海軍總司令部報告：

　　桂副總司令永清已到職視事。

五、首都衛戍司令部報告：

　　1. 南京衛戍兵力，擬請加強，可否將江陰防務交海軍教導總隊接收，俾第四師之一團調京歸還建制。

　　2. 請速發通信器材，俾於國民大會之前將通信網佈置完善。

　　3. 請酌量修復京郊防護工事。

　　4. 京滬線上如醫院，及青年軍等，單位甚多，不特軍風紀不易維持，且影響軍民情感指揮糾查亦復不便，奸宄易於混跡，擬請統一嚴格整理。

　　5. 前奉飭會同市府辦理首都自衛隊案，遵已成立首都民眾自衛訓練委員會，內設幹部訓練班，訂於本月二十日開課，為期兩月，經費需一億二千萬

元，市府籌撥困難，擬請國防部補助。

指示：

1. 加強首都衛戍力量，可由他處增調部隊兩團，江陰第
   四師之一團，俟戴堅師之一團接防後即可歸還建制。
2. 通信網及京滬線治安預防工作，前已指示辦理，各
   單位可將辦理情形報告。
3. 首都民眾自衛幹部訓練經費，應專案報請主席轉飭
   行政院核發。

通信署報告：

首都衛戍通信網，於七月中根據前警備司令部之
計劃，經通信署召集有關單位研討，決定如次：

1. 在國防部實施衛戍通信網計劃未完成前，由衛
   戍部隊自行維持。
2. 電話網由聯勤總部派隊架設，完成後交衛戍部
   接收管理。
3. 無線電話機，使用衛戍部隊之裝備器材。
4. 通信署預定於十月十五日以前完成衛戍通信網。

中訓團報告：

無錫兩個軍官總隊人數不多，惟大半有眷屬，遷
移頗為不易，刻已派人在太湖以南尋覓地址中。

軍醫署報告：

京滬線醫院只有三個，均係接收蘇北傷兵而設，
如若移動，則使傷運接收中斷，傷兵反滋事端。

預管處報告：

青年軍均未到達京滬一帶，係預在蘇州、無錫偵
察駐營地，以備到後應用。

指示：

1. 應飭京滬線各醫院負責管理傷兵，不使任意外出滋事。

2. 青年軍可不駐在京滬線上，預管處另覓地點遷移。

六、運輸署報告：

    1. 前奉總長指示：限九月底前將重慶人員及重要檔案等全部運京，頃以運糧關係，船支籌撥困難，須於十月底始可完成。

    2. 部隊運輸狀況（略）。

七、中訓團報告：

    中訓團配撥各部隊服役軍官兵二萬二千三百人，規定八月底交接完畢，但以多數不願到部隊服務，故現尚未達到預定計劃，擬請由第五廳下令限期調撥，否則開缺，政工人員考試成績不良，投考者僅及二分之一，是否可以指名調用？

指示：

五廳業已下令，如學籍、年齡合於要求者，即指定調撥，惟調用政工人員，仍應徵求同意。

八、第二廳報告：

    1. 勛獎各國駐華武官方式，究被動待其請求？抑主動由我方發給？

    2. 本部保密工作極不良好，二廳保密軍官曾查獲有未燒燬之重要文件甚多置於廢紙堆中，由士兵攜出部外情事。

    3. 第二廳已分配之辦公房屋不能全部接收，目前僅敷三百餘人辦公之用，尚有五百餘人無法容納。

指示：

1. 外國武官勛獎，應以我方主動發給為原則，二廳即
   會有關單位擬定辦法（如陸、海、空軍、聯勤總部
   等）並辦理之。

2. 本部增設化字爐，由特勤處會同工程署迅速辦理，
   各單位於下辦公前，所有廢紙，由主管官及值日官
   負責監督燒燬，並應檢查所屬保密程度。

3. 房屋問題與特勤處、工程署商洽辦理。

九、第三廳報告：

　　1. 軍隊符號，擬由各主官單位分別負責擬定。

　　2. 京市近郊工事，擬由江寧要塞司令部統一計劃
　　　辦理。

指示：

均照辦。

十、預算局報告：

　　各單位編報預算，請於兩三日內送交預算局，以
　　便彙編呈核。

指示：

1. 各單位預算限九月二十日以前一律送交預算局彙
   辦，預算局九月二十五日應將全部預算呈核。

2. 陸、海、空軍，醫藥費各自列報，預算局再統一編報。

3. 運輸費由陸、海、空軍分別自行編造，再由聯勤總
   部統一列報送預算局彙呈。

4. 警察及保安部隊所需子彈武器，本部未列預算，惟
   以作戰關係，仍應酌予補充，所需預算可呈行政院
   增加。

5. 研究經費仍由各單位自行編列造報。

參、討論事項

擬定編制時，配賦汽車數量，請顧慮實際情形，以重功
令案（聯勤總部運輸署提）

決議：

提案通過，國防部及部隊、機關、學校、車輛編制之縮
減及分期裝備可分別與改編委員會及第五廳洽商辦理。

肆、指示事項

一、砲標馬標內，清潔衛生，極為不良，廁所尤應統
　　一設置，由特勤處、工程署會同速予辦理。

二、本部大禮堂前面曠場兩側及其他之道路，工程署
　　速行修理。

聯合勤務總司令部工程署營建司公函字第 085 號

　　　　　　　　　　　三十五年十一月五日

奉交貴室本年九月廿三日（卅五）總辦一字第○四三五
號公函，以奉第十六次參謀會報指示「關於砲馬標清潔
衛生與廁所設置及本部大禮堂前之道路應速行修理」一
案，特函復於次：

一、查馬標內第六廳廁所業已併入該廳修繕案內辦理，
　　副官處廁所已新建兩座，監察局即將遷移無需新
　　建，砲標內民室局廁所亦已併入該局修繕案內辦
　　理，警衛二團三營廁所本司已代新建一座，預算
　　局、史料局、新聞局之廁所均已各自修理，至衛
　　生清潔應由各單位自行辦理。

二、本部大禮堂前之道路業已動工修理，最近即可竣工。

上二項相應函復即希查照為荷！

　　　　　　　　　　此致參謀總長辦公室

第十七次參謀會報紀錄

時　　間　三十五年九月二十四日上午八時至十一時

地　　點　國防部會議室

出席人員　國防次長　　　　林　蔚　劉士毅　秦德純

　　　　　參謀次長　　　　劉　斐　郭　懺　郭寄嶠

　　　　　總長辦公室　　　顏逍鵬（侯志磐代）

　　　　　　　　　　　　　張家閑

　　　　　陸軍總部　　　　林柏森

　　　　　空軍總部　　　　周至柔

　　　　　海軍總部　　　　周憲章

　　　　　聯勤總部　　　　黃鎮球　黃　維　陳　良

　　　　　　　　　　　　　趙桂森

　　　　　首都衛戍司令部　湯恩伯

　　　　　中訓團　　　　　黃　杰

　　　　　各廳局處　　　　錢卓倫　鄭介民（冀　愚代）

　　　　　　　　　　　　　張秉均　楊業孔

　　　　　　　　　　　　　方　天（郭汝瑰代）

　　　　　　　　　　　　　錢昌祚　鄧文儀

　　　　　　　　　　　　　劉　翔（鄭恒武代）

　　　　　　　　　　　　　杜心如　趙志垚（紀萬德代）

　　　　　　　　　　　　　彭位仁　吳　石

　　　　　　　　　　　　　徐思平（鄭冰如代）

　　　　　　　　　　　　　晏勳甫　賈亦斌

　　　　　聯勤總部各單位　郗恩綏　吳仲直　楊繼曾

　　　　　　　　　　　　　林可勝（陳立楷代）

　　　　　　　　孫作人　柳際明　錢壽恒

　　　　　　　　張　鎮　劉慕曾　陳春霖

　　　　　　　　吳仲行

主　　席　參謀次長劉代

紀　　錄　裴元俊

會報經過

壹、檢討上次會報實施程度

一、軍醫署報告：

　　1. 蘇北傷兵生活及醫療設備改善情形。

　　2. 綏靖作戰，對受傷人員，應否發給榮譽證，請示。

指示：

榮譽證仍予發給，惟名稱改為「綏靖榮譽證」。

二、新聞局報告：

　　1. 慰勞金發放原則，業經決定。

　　2. 與黨政各界商討發動大規模慰勞傷兵運動案，尚未召集座談會，擬請由次長召集。

　　3. 各軍官總隊參加政工考試人員過少，擬請中訓團通令各總隊，准已預定轉業而尚未離隊者，均可報考。

指示：

1. 發動黨政各界慰勞傷兵運動，似可擴及慰勞軍官總隊，兵役與撫卹業務亦均有關係，由新聞局、中訓團、兵役局、軍醫署、撫卹處，各提供意見，指定新聞局彙辦，呈由部長召集黨政各界開座談會研究。

2. 預定轉業而尚未離隊之軍官，可以參加政工考試。

中央訓練團快郵代電為各界發動慰勞傷兵各軍官總隊本
團提供材料請查照核辦由

三十五年十月八日

參謀總長辦公室公鑒：

（卅五）總辦一字第0444公函敬悉，查本團所屬各軍
官總（大）隊隊員精神至為苦悶，各界發動慰勞似應以
供給精神食糧為原則，茲提供意見如下：（一）請各界
於報端安慰，不可有刺激軍心之輿論；（二）組織慰問
組到各軍官總（大）隊分別慰問，並贈送各種刊物；
（三）對於退役退職人員，擬由政府發表褒狀。以上三
項，敬請查照核辦為荷。

中央訓練團（35）酉齊人三恕

三、預算局報告：

　　各單位預算，迄至昨日，尚有數處未送，務請於
　　一、二日內送交，以便彙呈。

四、財務署報告：

　　造報明年度預算，薪餉方面，係按此次增加五百
　　億之新給與標準編造，是否仍應按增加八百億之
　　給與標準造報？請示。

指示：

是否可照增加八百億之新給與標準編造，候總長核示後
再定。

貳、報告事項

一、情況報告（二廳龔副廳長）略

二、戰況報告（三廳張廳長）略

三、郭次長（懺）報告：

1. 受傷官兵一次犒賞，已較前增加頗多，計將官十萬元，校官五萬元，尉官三萬元，士兵壹萬元，陣亡特卹金，以整編部隊言，師長副師長三千萬元，旅長副旅長二千萬元，團長一千萬元（其他各級亦擬具數目簽呈主席核示中）。

   惟受傷犒賞金之發放，最好各部隊有一固定組織，俾受傷時即可立時發給（主席之慰勞信，亦可預先印好，預發各部隊臨時填發），但精神慰勞仍極重要，尤以作戰損失重大之部隊，以其主官多多陣亡，失踪無人負責者為尤要。

指示：

慰勞傷兵金額已較前增加甚多，陣亡特卹金亦甚厚，惟精神慰勞仍極重要，尤以作戰損失甚重之部隊，因其主官多已陣亡，本部對慰勞與撫卹更須迅速辦理，免致無人負責，此於振奮士氣大有關係，係可改善辦法，派遣慰勞人員常川駐在作戰地區附近，對受傷官兵立即加以慰問，效力始大且可省去往返旅費，此層可由新聞局研究辦理。

2. 近來各單位公文，常為辦公室、書記，及傳令兵所遲延，希注意改善。

3. 本部出佈告，依一般規定即用「國防部佈告」字樣，不必冠行政院。

四、第一廳報告：

1. 本部檢診所設備不全，醫官與藥品均少，而各單位官兵就診者多，咸感痛苦，擬請積極充實，並於城內籌組完善之陸軍醫院。

2. 中央各軍事學校畢業生調查處去年雖改隸銓敍廳，但亦僅指導其業務，此次本部組成該處未列入編制，據該處楊處長報告，近奉主席面諭，仍應保留，並將其任務加重，其正式隸屬系統，請予確定。

指示：

1. 檢診所應有適當房屋，並設法健全，與陸軍醫院須切取連繫，如限於人力設備陸軍醫院不能治療之病症，應為轉送能治療之普通醫院，其費用應由公家支給，但未住陸軍醫院，認可自往普通醫院診治者，其費用應由本人自己負擔。

2. 畢業生調查處問題，由第一廳研究擬辦。

五、聯勤總部報告：

京市應有一健全之陸軍醫院，原擬以三十四標為院址，非常適當，現陸軍總部暫行住用，可否將國防部後新建之房屋撥給陸軍總部，使陸軍醫院仍照原定計畫開設。

指示：

由郭次長（懺）會同聯勤總部軍醫署、工程署負責人先經察看，商決後呈總長核示。

六、新聞局報告：

　　1. 近奉主席手諭二件：一為查詢收復區政治工作
　　　　規劃有否具體決定？希照歷次指示切實擬具實
　　　　施方法辦理；二為詢問對傷兵醫護改善，傷兵
　　　　慰問，及死亡撫卹等事，是否辦理？應即具
　　　　報，以上兩項，辦理情形如下：

　　　　⑴收復區政治工作各項規劃，大體已定，惟對
　　　　　自新與俘獲之奸匪感化訓練辦法，及三民主
　　　　　義研究會，尚待研擬。

　　　　⑵醫護傷兵事，正分別辦理中，死亡撫卹曾經
　　　　　商請撫卹處指派人員赴前線或醫院就近辦
　　　　　理，以期迅速切實，俾便呈復。

　　2. 經常慰勞組，前由勵志社辦理，後移軍醫署，
　　　　因人數過少，尚不易進行。擬請由新聞局、撫
　　　　卹處協同辦理

軍醫署答復：

以前代表委員長慰勞之各組業已撤銷，軍醫署只接收卡
片若干箱。

　　3. 人民服務總隊第一總隊已組成，本日可出發，第
　　　　二總隊尚未裝備完好，出發運輸日期或須稍延。

撫卹處說明：

傷亡撫卹，已有整個計劃呈核中，隨營辦理撫卹，限於
眷屬隨營者，傷者在作戰以後，不能言撫卹，只有獎金，
惟一等傷殘入教養院後方有撫卹，並受國家終身贍養。

指示：

慰勞組應由新聞局負責辦理。

七、保安局報告：

　　交通警察總隊之業務，刻由五廳移到保安局，此事是否移交通部，如仍由本部負責？請指示辦理單位。

指示：

主管交通警察總隊之業務，由第五廳擬具辦法，簽呈總長核示。

國防部第五廳代電為交通警察總隊業務區分辦法已由改組委員會核定分行復請查照由

　　　　　　　　　　　　　　三十五年十月九日

總長辦公室勛鑒：

九月二十七日總辦一字 452 號公函敬悉，查交通警察總隊業務主管區分辦法業經改組委員會西支祕編代電核定，編制訓練部分由第五廳主辦，調遣部分由第三廳主辦，其他事項由聯勤總部運輸署及有關單位辦理並分行在案，相應電復即請查照為荷。

　　　　　　　　　　　　　第五廳西佳訓編動邊

參、討論事項

一、保密辦法兩項（油印分發）（第二廳提）

決議：

1. 電話編號碼以免暴露編制由通信署研究簽核。
2. 各單位信封只能印「國防部第△廳」、「局」、「總司令部」、「署」，以下單位一律不印。

二、官佐房租及押金辦法補充規定案（油印分發）（財
　　務署提）

決議：

1. 各結束辦事處人員，攜眷在本市居住者，發八至十
月份租金，押金一律不發。

2. 確無眷屬而在外自行租屋者，租金押金一律不發。

3. 其餘再加研究簽呈核示。

肆、指示事項

本部所發各單位之行文代字表與本部系統職掌表，關係
機密，決不能遺失，特請注意切實保管。

第十八次參謀會報紀錄

時　　間　三十五年十月一日上午八時至十一時

地　　點　國防部會議室

出席人員　國防次長　　　　林　蔚　劉士毅　秦德純

　　　　　參謀次長　　　　劉　斐　郭　懺　郭寄嶠

　　　　　總長辦公室　　　顏逍鵬（侯志磐代）

　　　　　　　　　　　　　張家閑

　　　　　陸軍總部　　　　林柏森

　　　　　空軍總部　　　　周至柔

　　　　　海軍總部　　　　周憲章

　　　　　聯勤總部　　　　黃鎮球　黃　維　陳　良

　　　　　　　　　　　　　趙桂森

　　　　　首都衛戍司令部　湯恩伯（萬建藩代）

　　　　　中訓團　　　　　黃　杰

　　　　　各廳局處　　　　錢卓倫　鄭介民（龔　愚代）

　　　　　　　　　　　　　張秉均　楊業孔

　　　　　　　　　　　　　方　天（郭汝瑰代）

　　　　　　　　　　　　　錢昌祚　鄧文儀

　　　　　　　　　　　　　劉　翔（唐道五代）

　　　　　　　　　　　　　杜心如（彭鍾麟代）

　　　　　　　　　　　　　趙志垚（紀萬德代）

　　　　　　　　　　　　　彭位仁　吳　石

　　　　　　　　　　　　　徐思平（鄭冰如代）

　　　　　　　　　　　　　晏勳甫　劉慕曾

　　　　　　　　　　　　　陳春霖　俞季虞

聯勤總部各單位　郗恩綏　吳仲直　楊繼曾

　　　　　　　　林可勝（陳立楷代）

　　　　　　　　柳際明　張　鎮　錢壽恒

　　　　　　　　孫作人（陳康華代）

主　　席　參謀總長陳

紀　　錄　裴元俊

會報經過
壹、檢討上次會報實施程度

第一廳報告：

中央各軍事學校畢業生調查處問題，已由第一廳簽呈核示中。

總長指示：

此案已據簽擬定辦法，俟與部長商量後批示決定。

貳、報告事項

一、情況報告（二廳侯代廳長）略。

二、戰況報告（三廳張廳長）略。

總長指示：

凡不確實之情報（如蘇聯以飛機接濟共匪，蘇北匪軍主力向魯南撤退等），不能登載報紙，應通知中央社注意。

三、郭次長（懺）報告：

　　1. 前次總長出巡，帶回各部隊機關請求補充報告多件，各單位能補充者，即行辦理，不能補充者即明白批示（不可以俟統籌分配字句含混

批示）。

2. 昆明及各地存留物資，應由第四廳及聯勤總部商量速予處理。

3. 本部總務由特勤處負責，但該處第一組主管總務之第三科人員甚少（共十八員），業務繁多，易滋誤事，目前該處第二組（軍中福利）、第三組（娛樂）業務均未展開，似可將二、三兩組人員酌撥二十至三十員（需辦理總務有確實經驗者）至第一組第三科服務，請聯勤總部予以調整。

4. 目前各地軍官總隊學員情緒極不安定，對於轉業問題亦多懷疑，除應予以明確指示及精神上之安慰外，並須迅速處理。

5. 各單位保密工作，尚欠嚴密，每日字紙，值日官或派定負責之官長務必親自監督燒燬。（已發現勤務兵夫向外盜賣重要廢紙情形）

總長指示：

1. 各地所存及接收敵偽物資，或分發或標賣，或運輸調濟，聯勤總部會四廳召集各地負責人會議解決，不應久存各地倉庫，易滋流弊或霉爛，並佔地佔人，殊不經濟。

2. 復員軍官，各處需用者，可速撥調，少用公文，以多作實際上之處理為原則，由一、五廳及中訓團負責辦理，應即開始整理，分別歸併取銷，先從四川著手，限年底將各軍官總隊結束。

四、空軍總部報告：

    1. 在上海江灣、大場等處之敵偽產業，因在空軍機場附近，空軍實有利用必要，曾與行政院敵偽產業管理處交涉，此項房屋無論租賣，空軍均有優先權，但未獲結果，聞管理處仍然分配與中央銀行，實不合理。

    2. 大同之圍已解，近來部隊仍要求空軍續運糧彈，因空運力量，極應節省，擬請聯勤總部計劃，以不再使用空運為宜。

總長指示：

1. 各地佔用房屋，如係營產，則由陸、海、空軍分別接收，如係公產，則應請示奉准後方得利用，但以文機關接收為原則，如係民產，則應無條件歸還，如係敵偽產業，則例由行政院接收管理，惟軍事機關需用時，無論徵用、收買、租用，均應按手續辦理，免貽他人口實，關於各單位在各地需用房屋問題，由聯勤總部會同陸、海、空軍總部開小組會議商定一整個辦法（工程署亦參加），簽呈主席及行政院長核准（包括本部房屋分配），由聯勤總部召集。

2. 大同應不再使用空運，對於運輸問題，即由運輸署會同三、四廳商擬計劃，由運輸署召集。

五、中訓團報告：

    1. 各軍官總隊撥師團管區之幹部，據報告上尉以上已將選調完畢，惟上尉以下，則以限於學歷，不敷揀選，擬請不限學歷，只要身體、年齡、學歷能符揀選條件，即可調撥。

　　2. 退役人員階級，迄未核定，請示處理辦法，以便早日發放退役金。

總長指示：

1. 挑選兵役幹部，可不必再限學歷，只要身體、年齡、學力合格，即可調撥，以後第一廳辦理人事，應注意打破界限。

2. 退役軍官階級，為求迅速計，可從權以最迅速方法核定之，免致延緩退役時間，反增國庫負擔。

六、第一廳報告：

　　新服制規定袖上應按官階分紅、黃、藍三色線條，查本部將校級多已實行，惟尉級迄少遵辦，各單位主管官應予糾正。

總長指示：

1. 以後本部職員服裝，應由公家量身製發。

2. 原有服裝，在工作及出操時，仍可著用，但參加紀念週及各種集會，應著現行服裝，又新制軍帽只有一種，亦不合理，由第一廳與聯勤總部研究規定。

七、第四廳報告：

　　昆明所存物資，當地使用甚少，大部需運輸至漢口等地，聯勤總部已分別處理中。

八、第六廳報告：

　　譯員訓練班撥第六廳服務人員，多係文科，與本廳業務不適，如其他廳局分撥有理工科人員，希望交換。

九、新聞局報告：

　　1. 新華日報時常造謠奸軍勝利等消息發佈，新聞

　　　　局擬作一有系統之記述，如四平街、集寧、淮陰、冀東等各會戰經過，編輯分發各處軍政人員，俾資了解。

　　2. 傷兵慰勞團已準備就緒，擬提前於下週出發。

十、史料局報告：

　　　　吳局長報告改組委員會九月底結束情形（書面）。

十一、兵役局報告：

　　　　復員業務處，辦理退役人員退役金，九月底大部已發出，各舊機構如尚有退役人員，務於三日內報來，已辦理退役人員未領退役金者，請速來領。

十二、財務署報告：

　　　　隴海路徵兵三十萬，每人安家費五萬，徵務費一萬元均已匯出。

指示：

徵兵發款，應嚴密監督，不使有流弊，兵役局應有人常到各地視察，並參考各地徵兵辦法，以資改善。

十三、預管處報告：

　　　　招撫流亡青年訓練後之出路問題，已有計劃，擬分別安置於合作社、行政人員、小學教師等，正與各有關機關商籌中。

指示：

1. 流亡青年，改用匪區青年名義。

2. 訓練青年，應特別注意其出路，並非作為預備軍官，原青年軍退伍後其出路至今未解決，故特應注意研究。

十四、憲兵司令部報告：

    1. 近來各地失業軍官常有集合請願之事，如重慶、桂林等處均曾發生。

    2. 上海憲兵亦因無營房可住，曾佔用敵偽逆產。

總長指示：

1. 以後失業軍官請願，可先注意其代表行動，如確係抗戰後失業，當予安置，如有受人利用冒充軍人，企圖搗亂者嚴懲。

2. 房屋問題可商聯勤總部併案辦理。

參、討論事項

一、擬訂各級官兵薪餉數額案（聯勤總部提）

二、軍用技術人員技術加薪擬增加為百分之三十案（聯勤總部提）

    兩案併案討論。

決議：

交林次長會同各總司令審查簽呈決定。

三、臨時組織機構擬不發服裝案（聯勤總部經理署提）

決議：

不發服裝。

四、擬定三十五年首都市區各部隊機關學校官佐冬季服料（成品）配發辦法案（聯勤總部經理署提）

決議：

全國官兵應一律待遇，首都機關、部隊、學校，不宜另有規定。

肆、指示事項

一、後方醫院，規定有特種營養費，兵站醫院則無，因之第一線輕傷士兵均盼往後方住院，極應改正，後方及兵站醫院，待遇應規定一致，凡帶傷服務者可加一級待遇，以資鼓勵，並各大都市陸、海、空軍醫院是否分開，分則力量不夠，如房屋不足，可設分院，又在南京之陸、海、空軍醫院，待遇傷病是否一致，凡重傷重病者，不能有所紛歧，凡此，均由軍醫署，一、四廳及財務署研究辦法，由軍醫署召集。

二、本部在大門外各單位均懸門牌，不易保守機密，可一律不用。在大營門設一接待室，由特勤處派得力軍官二或三人，士兵數人，配吉普車一或二輛，專司接待來賓，通知所欲會晤單位，得允許後，派兵乘車送到各單位接見。

本部擬自珠江路小營、馬標、砲標迄至太平門作一大圍牆，設一總大門，內部可以全部打通，將交通網修好，如限於財力，可先用鐵絲範圍，工程署應即先行計劃。

三、本部對貪污舞弊者，絕對依法從嚴辦理，各級主官管理部下應由小而大，切勿護短袒護，致姑息適以養奸，愛之適以害之，軍法處可將審判案件每月在和平日報公佈，以示公正。

四、清華大學被補給區士兵搗毀玻璃及其他設備，損失達七、八億元，監察局應即澈查，如應賠償者即行賠償。

國防部監察局案情調查報告表

三十六年二月二十七日

（卅六）餘嘗源（五）字第三二六七號

局長彭位仁

案別：搗毀

收文日期及字號：三十五年十月九日監密字二一二二號

總長指示飭辦

被告：第六十兵站醫院院長郭沛霖（北平）

　　　第六十兵站醫院副官王永舜（北平）

調查人：監察局少將監察官林谷村

案情要點：為清華大學被補給區士兵搗毀損失七八億由

調查經過：一、接收——敵設一二五病院於清華，第六
　　　　　　　十兵站醫院奉命接收，該校為補戰爭
　　　　　　　損失亦欲接收一部非醫藥用品用具，
　　　　　　　至生磨擦。

　　　　　　二、院方因北口戰事曾暫借該校收容傷患
　　　　　　　（已奉准），於七月一日遷出，其中以
　　　　　　　副官魯莽曾發生爭執，並無搗毀情事。

　　　　　　三、事後——經五補給區耿司令將該院長記
　　　　　　　過，副官免職，士兵分別懲戒，並與清
　　　　　　　華總務主任何汝揖面洽，認為滿意，
　　　　　　　校方已無異議。

擬辦意見：校方失於接收系統不明，院方失於部屬魯
　　　　　莽，雖有小衝但損失甚微，經由五補給區
　　　　　處理平息，擬請免究。

五、上海陸、海、空軍無人統一管理，而陸、海、空本身亦無統一負責之人，茲規定由宣司令鐵吾負統一管理陸、海、空軍各單位軍風紀之責，陸軍由補給區司令負責，海軍由魏參謀長濟民負責，空軍由地區司令負責，其他各地亦應規定負責統一管理人員。

六、上海各部隊辦事處，人馬、槍支、被服等存儲頗多，已飭補給區辦理，凡應送交部隊者即備船趕速運輸，應統一分配者即行統一分配，第四廳再速下一命令；又在上海之辦事處應一律撤銷，由第三廳會第五廳承辦命令嚴飭宣鐵吾及補給區司令負責執行。

七、上海警備區域與要塞地區未劃分，江防似可歸海軍，陸地要塞歸陸軍，海岸要塞歸海軍，由三廳研究計劃規定之。

八、李司令官默庵指揮部設在常州，不便指揮，應即遷往南通，並將電話修復，其留江南之部隊、機關，均應移到江北。

九、蘇北道路破壞甚大，今後部隊要一面前進，一面修路，以利於作戰。

十、憲兵原為陸軍憲兵，現國防部為聯合性質，故海空軍亦應管理，惟以海空軍士兵程度較憲兵為高，執行職務能力即感不濟，應積極設法改善憲兵待遇，提高質量，減少數量，其出路問題亦予以考慮，憲兵司令部即計劃完成陸海空聯合憲兵之辦法，即與第三、五廳研究，並與徵兵制度配

合，力謀改善。

十一、 今後各單位到各地視察，應多注意輿論，達成
　　　 兼聽則明之旨，不可偏聽，致易為部下矇蔽。

十二、 聯勤總部補充各部隊，應視需要主動發給，不
　　　 可待其請求，始予處理。

十三、 通信人員對於全般通信設備不甚了解，尤不確
　　　 實，聯勤總部應製一本部通信網設備圖呈閱。

十四、 本市上乘庵原為第五兵站總監部所用房屋，現
　　　 為陸軍總部住用，此房極合電影廠之用，應即
　　　 遷讓。

十五、 最近應側重平綏路之各種作戰準備，三、四兩
　　　 廳特應注意。

第十九次參謀會報紀錄

時　　間　三十五年十月八日上午八時至十一時
地　　點　國防部會議室
出席人員　國防次長　　　　林　蔚　劉士毅　秦德純
　　　　　參謀次長　　　　劉　斐　郭　懺　郭寄嶠
　　　　　總長辦公室　　　顏逍鵬（侯志磐代）
　　　　　　　　　　　　　張家閑　張一為
　　　　　陸軍總部　　　　林柏森
　　　　　空軍總部　　　　周至柔
　　　　　海軍總部　　　　桂永清　周憲章
　　　　　聯勤總部　　　　黃鎮球　黃　維　陳　良
　　　　　　　　　　　　　趙桂森
　　　　　首都衛戍司令部　湯恩伯
　　　　　中訓團　　　　　黃　杰
　　　　　各廳局處　　　　錢卓倫　侯　騰　張秉均
　　　　　　　　　　　　　楊業孔（陳　達代）
　　　　　　　　　　　　　方　天（郭汝瑰代）
　　　　　　　　　　　　　錢昌祚　鄧文儀　劉　翔
　　　　　　　　　　　　　杜心如　趙志垚
　　　　　　　　　　　　　彭位仁（曾應龍代）
　　　　　　　　　　　　　吳　石（戴高翔代）
　　　　　　　　　　　　　徐思平（鄭冰如代）
　　　　　　　　　　　　　晏勳甫　劉慕曾　陳春霖
　　　　　　　　　　　　　俞季虞

聯勤總部各單位　郗恩綏　吳仲直

林可勝（陳立楷代）

孫作人　柳際明　錢壽恒

張　鎮

主　席　參謀總長陳

紀　錄　裴元俊

會報經過
壹、檢討上次會報實施程度

一、修正上次會報紀錄

　　1. 在上海空軍之統一負責人，為該地空軍供應司令。（空軍周總司令報告）

　　2. 兵役局報告，改為兵役局代復役業務處報告，又復員業務處係復役業務處之誤。（兵役局鄭副局長報告）

　　3. 總長對失業軍官請願一案之指示：「如確係抗戰後失業」一語，原意係：「如確係抗戰後編餘失業」。（第一廳錢廳長報告）

二、聯勤總部報告：

　　本部職員服裝，量身製發一案，因今年冬服大部已製好，須待明年夏服，方開始施行。

貳、報告事項

一、情況報告（二廳侯代廳長）略

二、戰況報告（三廳張廳長）略

三、總長辦公室報告：

1. 明日主席壽誕，其親友須赴官邸祝壽，大營門應開放車輛出入一日，各單位內務應注意整備清潔，車輛行駛應注意指揮。

2. 本部前頒十、十一月及十二月至明年二月兩種起居時間表，下午與國防最高委員會規定各部辦公時間不合，十月份自下星期一（十四日）起，本部下午辦公時間改為一時半至五時半，十一月至二月為一時半至五時。

3. 本部部份職員，因主觀或小有不滿，輒向報紙發表，為使可以自由陳訴意見計，可否在本部設置意見箱。

總長指示：

1. 本部職員如有建議或懷不滿，儘可申訴，至動輒向報紙披露之行動，不惟有背軍人服從本義，且恐別具心地存心破壞本部聲譽，各單位主管官應清查內部；至報館不辨是非，或竟假名有意中傷，亦違公正報導之立場，由監察局會同新聞局、軍法處查明擬辦，意見箱可不設。

2. 前次指示失業軍官請願事，查此刻尚未入軍官總隊之分子，集合請願，內中恐多冒充軍官，且有不良分子企圖擾亂後防者，如再有請願事件發生，即照上次會報指示確實辦理。

四、第一廳報告：

關於失業軍官請願事，已遵照指示，通令各地辦理。

總長指示：

並可在報上發表，使社會明瞭。

五、海軍總部報告：

1. 由海軍撥給聯勤總部擔任運輸之船隻，請於每船派參謀一員隨船聯繫。

2. 長江無夜航燈標設置，前於部務會報時曾經報告，擬請轉行政院飭海關速予設置。

3. 撥出擔任運輸之海軍船隻，單程常屬空船，請聯勤總部準備隨時利用。（運輸署報告部隊運輸情形，略）

總長指示：

1. 水運尤以海運問題，海軍應與聯勤總部緊密聯繫，負責處理，此次北運部隊，騾馬均未運去，致在北方感受極大困難，應限期將在東北、華北、青島、濟南部隊之騾馬運去，以利作戰。

2. 修理船隻時間太慢，桂代總司令即嚴飭修理廠從速改進。

六、首都衛戌司令部報告：

1. 李司令默庵在常州所用營房，可於九日讓出，擬請將蘇州青年軍移駐常州。

2. 常州、蘇州營房，破壞甚大，擬請主管單位指派人員加意保管，並速修理。

3. 首都衛戌司令部準備前往蘇州、無錫一帶清查各部隊留守處，擬請聯勤總部派人會同前往。

4. 南京市常有深夜鳴槍事，經查係各倉庫守兵因防偷盜而發。

5. 前奉總長諭往江北巡視六十七師（即榮二師），該部訓練裝備均好，官兵因副食規定僅七千五百元，以致榮養不良，擬請按當地市價，依實物給與標準發款代購。

憲兵司令部說明：

夜間倉庫士兵鳴槍，係因哨兵太少，深夜鳴槍壯膽，請主官單位注意改正。

總長指示：

1. 營房管理，以由工程署督導，交由師團管區負責，不另設機構為原則，並須對復員時某部隊駐用某營房，應預為計劃，一經駐用，即責由該部隊管理。由三、四、五廳及聯勤總部會商決定（聯勤總部召集），重要而營產又多之地點，尤以東北為最重要，應派得力人員前往辦理。至於營房修理，最好即以其他營產標賣以作修繕費用，如係耕種地之營產，可出租以培養營房，由工程署負責研究計劃。

   常州營房由預管處通知蘇州青年軍移駐。

2. 各地辦事處、留守處一律撤銷，下命令之後應派人前往視察，聯勤總部並應派人收繳其遺留後方物品，另在前方補充。

3. 倉庫防衛，可用鐵絲網，並可通電，使盜匪不易接近，禁止隨便鳴槍，影響治安。

4. 副食完全實行現品補給，目前無此條件，規定每一士兵之副食給與標準，應按所在地之市價發款，不

作統一硬性規定，使任何地方士兵，每日所得副
食，均屬一致，方合理想，總之，關於部隊之衣、
食、住、行、交通、通信、醫藥等，聯勤總部應體察
實際情形，有困難即自動為其解決，重在辦事，不
重在辦文。

七、憲兵司令部報告京滬線奸匪活動情形（略）

總長指示：

冬防將至，隨時注意奸匪活動情形，綿密警備。

八、新聞局報告：

1. 慰勞團預定於三日內出發，關於慰勞金及慰勞
   品發放辦法，已與軍醫署、財務署會擬，專案
   頒發。

2. 慰勞品第一、二區已運到大部，北平（綏遠、
   太原）及東北區擬請就近由補給區先擬。

3. 慰勞人員，請由空軍總部連絡機運送。

4. 黨政如何配合軍事案，上週已由部長召開座談
   會，對兵役、撫卹、軍官轉業、傷兵慰勞等均
   有研討。又昨日黨政會報決定，軍官轉業案，
   提國防最高委員會促請各部重視；救濟陣亡遺
   族，擬發起募集基金運動；慰勞傷兵，除由中
   央黨部撥款一部外，並發動各地民眾就近慰勞；
   對黨政配合軍事，由黨政會報研究具體方案提
   頒實施。

總長指示：

1. 對奸匪問題，在文字宣傳上之發佈，不應僅限於和
   平日報。

2. 目前奸匪對和平談判之宣傳謂首須停戰，然停戰以何者為擔保，奸匪一貫欺騙，盡人皆知，查停戰之惟一可靠擔保即為整軍，此外無法可以擔保奸匪之和平，新聞局應闡揚此意，發佈宣傳。

3. 新聞局應羅致擅寫文章之人才，並應就奸匪區內廣事搜集材料，揭穿其一切騙人殘酷之黑幕。

九、民事局報告：

冀東設行署已遵諭簽辦，蘇北是否可以照辦，請示！

總長指示：

蘇北另案辦理。

十、測量局報告：

各地需要地圖，已陸續運出。

總長指示：

測量局將現有地圖列表呈閱。

參、討論事項

擬請將前軍令部一廳四處（現史料局為第一處）主管之教育訓練業務移交第五廳或陸軍總部案（史料局提）

決議：

專案簽請核示。

肆、指示事項

一、華北軍糧問題，非常嚴重，曾向救濟總署借糧五萬大包，短期即應歸還，已呈報主席，要聯勤總部與糧食部商量，迅速撥款在綏遠（待火車通後即開始運輸）或東北區購買運濟，預測糧價恐將上

漲，應即趕辦。

北方部隊搭食雜糧，只有小米、豆子尚可配撥，包穀及高粱，部隊攜帶製作均不便，可不撥發。

二、部隊武器，已有許多非經修理不能使用，戰車及火焰放射器等，此種情形尤甚，第四、五廳及兵工署應研究速謀修理改善辦法，能修者即派人去修，不能修者可以收回。其次部隊使用兵器，每多未發揮效力，如蘇北攻擊高郵，有砲及火箭砲不用，鄭州方面使用一輛戰車為步兵任巡邏等，四、五兩廳應研究凡配發一種新兵器時，應訓練其使用方法，今後每一主要戰場應派人前往指導。

三、第二廳對情報工作，應速謀改善，各級部隊之情報參謀，應加以訓練，戰鬥戰術上之情報，較戰略之情報更為重要，凡奸匪之部署及陣地之構築，須偵察明白，作戰與指揮始有準據。

四、部隊所需器材物品，聯勤總部應授權與補給區司令部核發，不必件件報到總部批示，致延誤時間，經查一面為各地倉庫所存通信、工程等器材不少，一面為部隊極度缺乏器材應用，實屬不合理之現象，聯勤總司令、副總司令、參謀長，及通信、運輸、兵工、經理、軍醫各主管官，應輪流赴各地為部隊切實解決問題。

關於物品清查，在京者由總部負責，有補給區管轄者由補給區負責，各單位直接管理之倉庫由各單位自行負責清理，清理時總部及監察局均可派人前往監督。

五、北方冬季服裝，業已發給，惟東北及華北部隊兵員業已充實，應按實數發給。

六、保安局應即展開工作，派人到各地視察保安團隊，國民大會中，各地代表必多請求發槍與地方團隊之案件，此則應預為蒐集各地地方團隊盜賣槍支濟匪及紀律不良之情形，以供答覆之參考。

七、本部明年度預算，各單位造報數字過於龐大，行政院及參政會，恐均不易通過，除按本年十月份軍費數字伸算外，綏靖費及重大購置，以另行專案請款為宜，並應說明如物價不能穩定，預算必隨之追加，及文武待遇一致兩種情形。

八、本部高級人員到各地視察，食宿尚無問題，中下級人員則感不便，致有接受招待情事，應先在有補給區司令部之地點設置招待所，食宿及交通均予以方便，由聯勤總部計劃辦理，南京可即就中山東路經理署地點設立。

九、本部收發，應不限時間，無論晝夜，均應有人工作，各地送公文之傳令，不熟習各單位地點，應派人帶去，不可支吾，使其四處尋覓，誤時誤事。

十、兵役局即將徵兵數，列一表呈閱。

十一、參謀會報紀錄中各項決定事件，各單位應切實遵辦，參謀本部為計劃與指導監督階層，各總部為執行階層，執行機關切不可只在公文上指揮，需要實際去做，各廳局有考察執行之責任，至監察、軍法兩機構之配合運用，關係於法治精神之表現，於建軍建國關係極大，即以

對本部各單位業務之監察工作言，就參謀會報
紀錄中可尋求若干監察根據，如對決議與指示
而不辦理或辦理不力，即可提出糾正。

第二十次參謀會報紀錄

時　　間　三十五年十月十五日上午八時至九時十分

地　　點　國防部會議室

出席人員　國防次長　　　　林　蔚　劉士毅　秦德純

　　　　　參謀次長　　　　劉　斐（參加小組會議）

　　　　　　　　　　　　　郭　懺　郭寄嶠

　　　　　總長辦公室　　　顏逍鵬（侯志磐代）

　　　　　　　　　　　　　張家閑

　　　　　陸軍總部　　　　林柏森

　　　　　空軍總部　　　　周至柔（參加小組會議）

　　　　　海軍總部　　　　周憲章（參加小組會議）

　　　　　聯勤總部　　　　黃鎮球　黃　維　陳　良

　　　　　　　　　　　　　趙桂森（參加小組會議）

　　　　　首都衛戍司令部　湯恩伯

　　　　　中訓團　　　　　黃　杰

　　　　　各廳局處　　　　錢卓倫　侯　騰

　　　　　　　　　　　　　張秉均（王　鎮代）

　　　　　　　　　　　　　楊業孔　方　天　錢昌祚

　　　　　　　　　　　　　鄧文儀（李樹衢代）

　　　　　　　　　　　　　劉　翔　杜心如（張　桓代）

　　　　　　　　　　　　　趙志垚　彭位仁（金德洋代）

　　　　　　　　　　　　　徐思平　晏勳甫　陳春霖

　　　　　　　　　　　　　劉慕曾

　　　　　聯勤總部各單位　張　鎮

　　　　　　　　　　　　　郗恩綏（參加小組會議）

> 吳仲直　楊繼曾
>
> 林可勝（陳立楷代）
>
> 孫作人　柳際明　錢壽恒
>
> 吳仲行

主　　席　國防次長林代

紀　　錄　裴元俊

會報經過
壹、檢討上次會報實施程度（均已實施）

貳、報告事項
一、情況報告（二廳侯代廳長）略

二、戰況報告（三廳王副廳長）略

三、陸軍總部報告：

此次所發各單位系統職掌概要表，列舉職掌過於簡單，又與現在之實際業務情形不盡吻合，前奉總長指示，職掌不宜過事變動，但為顧慮業務推行便利計，擬請准予酌為變動。

指示：

各單位職掌，係依據美方之建議，極為簡單概括，如有疑問可向第五廳詢問，凡含混不清，或事關幾個單位者，由第五廳研究，指示辦理。

第五廳報告：

各單位詳細職掌，美方刻正起草中。

四、聯勤總部報告：

　　因限於財力、物力，及時間，補充兵冬季服裝，最大限度只能籌辦五十六萬人份（七十四萬二千人之八成數），上週兵役小組會議時，已將實情報告，請仍准按五十六萬人籌製，並請兵役局將五十六萬人徵集地區及人數開示，以便辦理。

指示：

仍照五十六萬人份籌製，其餘另案辦理。

五、中訓團報告：

　　將官隊學員已派實職者，中訓團多未得通知，以致薪餉有重發情形，擬請主管單位注意。

指示：

以後凡調用無實職之軍官，均應通知中訓團及軍官總隊，並由第一廳、副官處、中訓團商擬聯繫辦法。

六、財務署報告：

　　新給與奉主席批准，由九月份起實施，但財政部以未奉院令，致不發款，影響本部不能即行公佈實施。

指示：

新給與亟待公佈施行，可以總長名義簽請主席批交行政院，財政部發款。又新聞局發表改善給與新聞時，不必詳細列舉陸、空、海軍各級薪餉數字。

七、第一廳報告：

　　將官調動，應由第一廳控制，但多自由活動，以致已到新機關服務，中訓團仍來開缺，今後各單位凡調用無實職之人員，請於彙報請委之前，先單

獨報第一廳，（校尉級副官處）並通知中訓團，以免重發給與。

指示：

各單位應照第一廳意見辦理。

八、第三廳報告：

1. 防空報信號規則，係三十年公佈實施，勝利後由軍委會通令：規則保留，停止施行。本部前以各地有防空顧慮，曾請行政院通令恢復施行，現奉院批，飭由本部通令，請示是否即由本部通令實施？

2. 南京至濟南，禁用無線電通信，擬請空軍總部增加班機，以便聯絡。

指示：

1. 警報信號規則，仍照前規定不改變，待國民大會開會後再定實施辦法。

2. 南京至濟南增加班機事，由第三廳承辦訓令，空軍總部核擬具報。

參、討論事項（無）

肆、指示事項（無）

第二十一次參謀會報紀錄

時　　間　三十五年十月二十二日上午八時至十時三十分
地　　點　國防部會議室
出席人員　國防次長　　　林　蔚　劉士毅　秦德純
　　　　　參謀次長　　　劉　斐　郭　懺　郭寄嶠
　　　　　總長辦公室　　顏逍鵬（侯志磐代）
　　　　　　　　　　　　張家閑
　　　　　陸軍總部　　　林柏森
　　　　　空軍總部　　　周至柔
　　　　　海軍總部　　　桂永清　周憲章
　　　　　聯勤總部　　　陳　良　趙桂森
　　　　　首都衛戍司令部　萬建蕃
　　　　　中訓團　　　　黃　杰
　　　　　各廳局處　　　錢卓倫　侯　騰　張秉均
　　　　　　　　　　　　楊業孔　方　天
　　　　　　　　　　　　錢昌祚（吳欽烈代）
　　　　　　　　　　　　鄧文儀（李樹衢代）
　　　　　　　　　　　　劉　翔　杜心如（張　桓代）
　　　　　　　　　　　　趙志垚　彭位仁（金德洋代）
　　　　　　　　　　　　吳　石（戴高翔代）
　　　　　　　　　　　　徐思平　晏勳甫　劉慕曾
　　　　　　　　　　　　陳春霖
　　　　　聯勤總部各單位　張　鎮　郗恩綏
　　　　　　　　　　　　吳仲直（胡碧華代）
　　　　　　　　　　　　楊繼曾　陳立楷　孫作人

黃顯灝　錢壽恒

吳仲行（鄭子兆代）

主　　席　參謀總長

紀　　錄　裴元俊

會報經過

壹、檢討上次會報實施程度

一、修正紀錄

陸軍總部報告：報告事項之三，至「前奉總長指
示」以下，修正為「職掌詳細劃分，尚有困難，
惟事實上有不能不劃分之處，擬請文官單位詳加
討論。」

二、財務署報告：

九月份起軍職人員改善待遇，應增每月軍費五百
億元，財政部已允先撥九月份一個月，十月、十
一月份亦允分期撥發，故新給與之通電已於昨日
發出，詳細代電亦於一、二日內頒行。

三、聯勤總部報告：

1. 海軍請撥外匯二十五萬鎊案，經會同海軍周參
謀長及財務署孫署長赴行政院洽辦，已先撥付
四十八萬美元及十萬英鎊。

2. 新疆購糧款一百八十億尚未領到，另案呈請五
十萬人眷糧，未獲批准。

四、海軍總部報告：

所領十萬英鎊，僅可歸還英國海軍部之墊款，尚
未撥發之十五萬英鎊，仍請陳副總司令、孫署長

催發，以備今後支付。

貳、報告事項

一、情況報告（二廳侯代廳長）略

二、戰況報告（三廳張廳長）略

三、海軍總部報告：

1. 長江沿江燈塔設備事，已與海關稅務司英人李度商議解決，即由其派員會同海軍測量局人員查勘修設。

2. 海軍廢船，擬概交行政院物資供應局處理，所售現金，概以外匯用記帳方式存於該局，本部如需在外採購材料時，可隨時請該局代購。

3. 海軍士兵智識、體力標準較高，現經檢查一部，合格者不及五分之一，請准由各師管區徵募。

4. 近擬招考海軍少校以下軍需倉庫人員，施以短期訓練，派出服務。

5. 海軍北巡艦隊，所獲奸匪船艇物資，擬照下列辦法辦理：

   ⑴已交青島警備部者，由各艦造送清冊，警備部將收據交艦隊部轉報。

   ⑵未交者由國防部電令青島警備部「凡海軍截獲奸匪船艇物資，由海軍總司令部報准國防部處理。」（第四廳辦）

   ⑶獎勵辦法，由海軍總部擬定呈核。

6. 青島用煤，向係用船在秦皇島運輸，現無船運，青島發生煤荒，擬請聯勤總部設法運濟。

    7. 交聯勤總部使用之中建、中業兩船，現因南海
       另有緊要任務，擬調回使用。

總長指示：

1. 青島缺煤事，可與聯勤總部接洽。

2. 海軍應從上級整飭，廣東海軍，以船走私，應即澈
   查，務調到京滬整理，並由第三廳承辦命令，在廣
   東之海軍由行轅張主任暫行負責指導。

3. 靜安船限月底交與招商局。

4. 海軍士兵可在青年師挑選，前由美返國之八艦士
   兵，一般程度尚高，應加意培植。

5. 截獲奸匪物資，可照所擬三項辦法辦理。

四、聯勤總部報告：

    榆林需用糧款五億，擬請空軍總部派飛機運送。

空軍總部答復：

榆林無機場設備，投下亦甚困難。

五、中訓團報告：

    1. 收訓將官，早經顧慮交通，經飭就各地分團報
      到，計西北方面者，在西安分團；渝蓉昆區
      者，在重慶分團；兩廣指定由行轅張主任代辦；
      到京者，均係前軍委會之將官，為數已達千餘
      人。現聞將官安置計劃已蒙主席批准，擬請加
      速實施。

    2. 水產學校，擬利用海軍船隻、師資及一部教
      材，甚望海軍盡量協助。

    3. 東北分團編制，因其訓練項目加多，擬請酌予
      擴大，關於訓練，請國防部佔在主動地位整個

計劃。

4. 直屬軍官第七大隊開赴東北後，擬請長官部將大隊部人員一齊接收或編併入十八軍官總隊，將該大隊番號撤銷。

5. 財務訓練班，只能訓練五百人，現超過一百六十餘人，希聯勤總部酌予調用。

指示：

1. 復員將官安置計劃批准後，由林次長主持，第一廳及中訓團會同辦理，即付實施。

2. 中訓團編制訓練事項，另開小組會議解決，由中訓團負責召集有關單位辦理之。

3. 第七大隊應撤銷，學員由東北長官部接收，官長如長官部不能安插，送第十八軍官總隊收訓。

4. 財務訓練班溢額人員，由陳副總司令配合師團管區等機構之需要，統籌計劃安置。

海軍總部報告：

海軍總部擬在財務訓練班挑選少校以下人員五十員。水產訓練，海軍決盡力協助。

六、財務署報告：

復員軍官轉業訓練經費，雖經主席批准六百億，行政院迄未承認此項安置政策，更未預訂撥款，本署已墊支一百餘億，在此項經費未確定以前，實無法移款再墊。

指示：

分別請示部長、總長，並由財務署、預算局承辦簽呈，報告主席核示。

七、運輸署報告：

1. 國防部各機構配撥車輛，按照改訂編制數目，共三五四輛，均已補足。

2. 中央各機關借車共一三二輛，核定借用數六三輛，撥配車三一輛，現擬收回三八輛。

3. 獨立汽車第一、六兩營，共吉普車二五〇輛，軍械車五〇輛，除待修三五輛外，餘均已送前方。

4. 軍用吉普通行牌照已發出五〇二個。

5. 檢查辦法，係衛戍司令部所擬，原擬十六日起實施，尚未奉部批，一俟批下，即可施行。

6. 關於整編師及剿匪各軍師車輛補充情形，根據主席、總長歷次指示，各整編三旅者配卡車七五輛，吉普車七輛；兩旅者配卡車六十輛，吉普車六輛。各剿匪軍師，照上數二分之一至三分之一撥補，總計全國各軍師須補充卡車四四四〇輛，吉普車四七六輛，除已補充外，尚欠補卡車一七二二輛，吉普車一四三輛，除吉普車可以如數補充外，卡車尚無著落，如有新車撥到本部，當將現在輜汽部隊內之日式卡車，盡量掉換。

7. 全國輜汽部隊尚待補充卡車二三〇〇輛，再加改製成裝甲車三〇〇輛，擬請轉呈主席撥用T234新車三〇〇〇輛，簽稿另呈。

8. 國民大會請借用吉普車六〇輛，現已准借吉普二〇輛，軍械車一〇輛，裝漆一新，並有預備車一〇輛。

參、討論事項（無）

肆、指示事項

一、在滬逮捕蘇聯主教案，由第二廳將經過情形告知
　　外交部王部長。

二、明年度軍費預算，朱院長希預算局趙局長及財務
　　署孫署長前往報告，徐主計長曾謂明年度預算，
　　採伸算方法甚佳，有要緊之開支，另專案請款。

三、上次出巡，各部隊請求事項，業經批下，已否辦
　　理（劉次長報告已辦）；此次出巡，復有若干請求
　　事項，當即批下，承辦單位務速行辦理。

四、各單位切勿盡在文字上想辦法用工夫，應切實解
　　決實際問題。

五、復員軍官安置，務要迅速處理，早日結束，應退
　　役者速退，轉業訓練應加緊辦理，不可久延，致
　　使一般感到不滿，錢廳長、黃教育長可親往各地
　　巡視，就地分別實際迅速處理。

六、發佈命令，務要替部設身處地著想，實際是否可
　　以貫澈，免失威信。

七、東北改製之裝甲車，已令杜長官先撥一連交孫長
　　官使用，對清剿殘匪，效力甚大，前令挑選新車
　　（最好最新之美車）三百輛，運送東北改裝，可陸
　　續運去，此三百輛，裝甲後如何分配，由三廳計
　　劃呈核。

八、參謀會報已歷二十次，所有交辦、決議，及指示
　　事項，經辦情形如何？應加檢討，由總長辦公室

　　彙辦。

九、查戰犯收容所有醫藥不良及吃不飽情形，由監察
　　局查明辦理。戰犯審判，甚望戰犯審判所加速辦
　　理，早日完結。

第二十二次參謀會報紀錄

時　　間　三十五年十月二十九日上午八時至十時

地　　點　國防部會議室

出席人員　國防次長　　　　　林　蔚　劉士毅　秦德純

　　　　　參謀次長　　　　　劉　斐　郭　懺　郭寄嶠

　　　　　總長辦公室　　　　郭汝瑰　張家閑

　　　　　陸軍總部　　　　　林柏森

　　　　　空軍總部　　　　　周至柔

　　　　　海軍總部　　　　　周憲章

　　　　　聯勤總部　　　　　陳　良　趙桂森

　　　　　首都衛戍司令部　　萬建蕃

　　　　　中訓團　　　　　　黃　杰

　　　　　各廳局處　　　　　錢卓倫　侯　騰　張秉均

　　　　　　　　　　　　　　楊業孔　方　天　錢昌祚

　　　　　　　　　　　　　　鄧文儀（李樹衢代）

　　　　　　　　　　　　　　劉　翔　杜心如（張　桓代）

　　　　　　　　　　　　　　趙志垚　彭位仁（金德洋代）

　　　　　　　　　　　　　　吳　石　徐思平（鄧冰如代）

　　　　　　　　　　　　　　晏勳甫　蔣經國　劉慕曾

　　　　　　　　　　　　　　陳春霖

　　　　　聯勤總部各單位　　張　鎮　郗恩綏　吳仲直

　　　　　　　　　　　　　　楊繼曾　陳立楷　孫作人

　　　　　　　　　　　　　　黃顯灝　錢壽恒

　　　　　　　　　　　　　　吳仲行（鄭子能代）

主　　席　參謀總長

紀　　錄　裴元俊

會報經過
壹、檢討上次會報實施程度
一、中訓團報告：

    1. 將官安置案，於上次會報後，由林次長召集有
       關單位會議，經決定辦法如下：

       (1)轉業訓練共六六〇員，請行政院安置並分別
          與有關部署接洽，計行政三〇〇員，工礦一
          二〇員，交通八〇〇員，屯墾一二〇員，警
          官四〇員。（函部本部人力計劃司辦）

       (2)請行政院即將主席命令轉飭各部署知照。（函
          部本部人力計劃司辦）

       (3)召集有關部署商討辦法。（函部本部人力計
          劃司辦）

       (4)調查志願。（中訓團辦）

    2. 由國防部自行辦理安置者共六四〇員，計兵役
       幹部一〇〇員，陸大乙級將官班二四〇員，退
       役三〇〇員。

       (1)兵役幹部此次已遴選九六員。

       (2)陸大乙級將官班十二月一日可召集一班計一
          二〇員，其餘約三個月後，可繼續召集。（陸
          大徐教育長表示，正在準備中）

       (3)退役人員，已報到第一廳者在二〇〇員以上，
          仍繼續辦理中。

3. 東北分團之編制訓練，已約同分團劉主任，與方廳長會商決定，人員無多增減。

4. 第七大隊撤銷番號，仍請第五廳電東北保安司令部知照。

5. 財務訓練班溢額人員，聯勤總部正在洽辦中。

6. 全國尚有軍官總隊三〇個，直屬大隊三個，擬陸續編併，短期擬召集一次總隊長會議。

總長指示：

1. 北平之第十八軍官總隊可以編併撤銷。

2. 希望將各軍官總隊，於年底全體結束。

二、運輸署報告：

京市檢查車輛辦法，業已實施。

總長指示：

1. 各機關借用吉普車，宋院長已允完全歸還，又國大代表借用二十輛後，不必再借。

2. 收回各機關之車輛，盡量撥配前方。

三、憲兵司令部報告：

京市憲兵兩團，請每團配車十輛，為國大開會及冬防期間，加強郊外巡查之用。

總長指示：

可酌予分配。

四、預算局報告：

奉飭與財政署孫署長面謁宋院長報告本部明年度預算，因宋院長公出，尚未見面。

總長指示：

目前財政困難萬分，宋院長曾面告目前收支相差甚大，

此刻以軍費為最大，交通及糧食次之，預算局應以口頭及書面說明本部明年度預算必需數額之原因，查軍費龐大，一面固由於兵多，一面亦由於物價膨漲；以平均每人十萬元計，則四二〇萬人即月需四千二百億，以二〇萬元計，即月需八千四百億，故減少軍費之惟一途徑，只有裁軍，但為遂行綏靖作戰，目前之軍隊，乃屬最低限之數目，至抑制物價膨漲，屬主管部會職權，根據長期經驗，效力恐亦甚微，此兩點於書面報告中應記述及之，使主席院長明瞭。

貳、報告事項

一、情報報告（二廳侯代廳長）略

二、戰況報告（三廳張廳長）略

三、總長辦公室報告：

　　1. 主席命令全國官民，禁止破費為其祝壽，軍事機關部隊業已做到。

　　2. 總長辦公室副主任由郭汝瑰擔任，今後辦公室業務由其負責處理。

　　3. 部署參謀，實際服行參謀業務，數額有一定規定，故選格必須從嚴，各單位保額太多，有位置閒散人員之嫌，應請注意。

四、空軍總部報告：

　　京市機場，仍感不敷應用，如新築則費錢更多，前已呈請擬將明故宮機場加長，以資應用，尚未奉批。

郭次長（懺）說明：

本案業已轉請主席核示。

總長指示：

應候主席批示。

五、海軍總部報告：

1. 永順、永泰，在海州青島間捕獲之無照金萬興棉花船及私鹽船，經拖交膠州關及青島鹽務局處理。

2. 美珍十月十四日載運陸軍一營，在下川島與海盜遭遇，經我猛烈砲擊，盜船遁入南澳灣擱淺，我捕獲海興、海通及勝利三輪，又大帆船三艘，除俘匪七名外，餘均逃至岸上，由陸軍搜剿中。

3. 海軍砲艇在江北協助陸軍進佔邵伯、高郵後，掃蕩高郵、邵伯湖面散匪，現兩湖完全清肅。

4. 太平、永興兩登陸艇，已於本月二十八日出發南海，關於該海面圖誌資料，極不充實，擬請空軍攝影協助。

總長指示：

1. 煙台截獲匪方船艇物資，應報告主席、部長。

2. 長江砲艇，除留必要者外，應調太湖剿匪。

六、聯勤總部報告：

黃總司令來電，東北營房應即行修繕，再延即無法修復，需請發款，請示可否修繕。

總長指示：

1. 東北及平津營房，均應即行修繕。

2. 各地營房，部隊離開後，多被當地人民拆毀，應予嚴禁，爾後對營產管理，地方鄉鎮保甲，應參加共

同負責。

3. 修繕費可就營產本身設法，將許多不必要之營產變賣或向銀行押款，以免本部增加預算。

4. 北平天壇後方醫院，移駐懷來或張家口，人事業務均加以整理，所遺天壇原址，即改設陸軍醫院分院，應需材料，就補給區盡量撥給，以期省費，匯去之一億元，即飭其作修理房舍之用。

七、兵工署報告：

1. 東北國軍重機槍，均係水冷式，冬季不能作戰，前在美訂購之不凍液體，凍點在零下四十度以外，現已運到上海，惟因海關需要化驗，恐須延遲旬日。

2. 火焰噴射器已開班訓練中。

總長指示：

應備函通知海關，軍品不必化驗，趕運東北、內蒙，以應需要。

八、工程署報告：

1. 目前舊機構尚未完全遷移，以致本部營房仍難整個予以調整修理。

2. 國防部後面新建房屋，設計係用於宿舍，現改作辦公，當不盡適用。又行政院短期將有一千棟活動房屋到京，可能撥本部一－二百棟，但每棟安裝費需四百萬元，數字龐大，可否領用。

3. 行政院撥本部甲、乙兩種住宅共五六棟，擬按各單位編制人數之多少以每一八〇人一棟為比例之分配，交各單位作再分配。

總長指示：

1. 本部後面新建宿舍，現因改為辦公房舍所必需之設備，即行簡單辦理，馬標破濫房屋，可以拆去，工程署應整個計劃調整。

2. 活動房屋，分配本部者仍須領用。

3. 行政院撥配本部住宅，應先配給低級而生活困難之人員住用，已覓得住屋者，即不予分配，由林次長召有關單位研討控制與分配辦法。

4. 本部成立已久，內部營繕工程尚未完竣，工程署應計劃在兩週內全部辦理完成。

九、第三廳報告：

　　馬鴻逵、馬步芳請求補充武器汽車，擬按最低限度酌予配發。

總長指示：

暫緩補充，三、四、五廳注意聯繫，部隊補充標準，完全以能否作戰及肯否作戰為根據。

十、第六廳報告：

　　馬標六廳房屋，迄未修繕。

總長指示：

工程署照指示統一計劃修繕之原則，速行辦理。

十一、林次長報告：

　　前軍委會各單位結束辦事處，大體均可如限於十月底結束，各單位辦理退役退職人員，務於月底以前辦好。

復役業務處說明（兵役局鄭副局長）：

退役退職人員領取退役（職）金，規定應由主管蓋章，

始可發給，以免舞弊，各單位應按照規定辦理。

參、討論事項（無）

肆、指示事項

一、行政院蔣祕書長電話，已允先撥購糧請款三百
　　億，目前集中糧食，應爭取時間，稍遲集中即無
　　辦法，蓋入冬後徵用民夫運輸，備感困難。

二、上海逮捕蘇聯主教案，可准保釋。

三、第五廳即將民三十三、三十四、三十五各年，軍
　　以下各部隊單位、人數。作一分年整編比較表，
　　並敘明單位減少而人數所減不多之原因（最好附
　　編制表，說明以前每師八千餘人，整編師為一萬
　　四千餘人）送來，以便轉交馬歇爾將軍。

四、將前方作戰殘破之部隊，與後方未作戰之部隊交
　　換，以便整理補充，第三廳計劃呈核。

五、監察局巡察人員，在昆明巡察後，可到重慶再到
　　武漢工作。

六、京滬仍應徵兵，兵役局注意辦理。

七、自本週起，凡本部上午舉行之會報，均改自午前九
　　時起舉行，星期二上午舉行之參謀會報，自下週
　　起改為每星期一下午三時起舉行。

第二十三次參謀會報紀錄

時　　間　三十五年十一月四日午後三時至四時二十分

地　　點　國防部會議室

出席人員　國防次長　　　　劉士毅　秦德純

　　　　　參謀次長　　　　劉　斐　郭　懺　方　天

　　　　　總長辦公室　　　郭汝瑰　張家閎

　　　　　陸軍總部　　　　林柏森

　　　　　空軍總部　　　　周至柔

　　　　　海軍總部　　　　周憲章

　　　　　聯勤總部　　　　黃鎮球　趙桂森

　　　　　各廳局處　　　　錢卓倫　侯　騰

　　　　　　　　　　　　　張秉均　楊業孔

　　　　　　　　　　　　　劉勁持　錢昌祚（吳欽烈代）

　　　　　　　　　　　　　鄧文儀　杜心如

　　　　　　　　　　　　　趙志垚　彭位仁

　　　　　　　　　　　　　吳　石（戴高翔代）

　　　　　　　　　　　　　徐思平　晏勳甫

　　　　　　　　　　　　　蔣經國（賈亦斌代）

　　　　　　　　　　　　　劉慕曾　陳春霖

　　　　　中訓團　　　　　黃　杰

　　　　　首都衛戍司令部　湯恩伯

　　　　　聯勤總部各單位　張　鎮　吳仲直

　　　　　　　　　　　　　陳　良（黃壯懷代）

　　　　　　　　　　　　　楊繼曾　陳立楷

　　　　　　　　　　　　　孫作人　黃顯灝

錢壽恒（劉振世代）

吳仲行（鄭子兆代）

主　　席　參謀總長

紀　　錄　裴元俊

會報經過

壹、檢討上次會報實施程度

一、修正紀錄

　　1. 中訓團報告 (1) 項「轉業訓練」，訓練二字改為
　　　 將官。

　　2. 海軍總部報告 4 項「太平、永興兩登路艇」改
　　　 為「太平、永興及兩登陸艇」。

二、第二廳報告：

　　上海所逮捕之蘇聯主教業已保釋。

貳、報告事項

一、情況報告（二廳侯代廳長）略

二、戰況報告（三廳張廳長）略

三、總長辦公室：

　　第一至第二十次參謀會報檢討表彙辦情形（分發各
　　單位重要業務檢討表兩種）。

總長指示：

1. 各單位將檢討表帶回清理，未辦理者或辦理未完成
　 者，速辦；不能辦理者，應報告原因。

2. 各種業務辦理之後，應考察監督，是否達到要求，如
　 本日有中央派赴北方視察人員告知，四十師已批准之

物品，尚未領到，應即查明速發。（聯勤總部辦）

3. 各部隊請求補充，已經批准者，應即速發，不能補
   充者應即明白批示；補充及發款，最好立於主動，
   可以減少部隊麻煩，並防止下級貪污受賄。

4. 以後各種表冊，應注意記明年月日期，以免久後考
   查困難。

四、空軍總部報告：

　　榆林迭次要求空運子彈及糧款，請聯勤總部立於
　　主動作有計劃之輸送。

五、海軍總部報告：

1. 永翔艦於十月二十七日在山東榮成灣截獲匪木
   船一艘，載紙張及鐵條，因風浪極大，無法拖
   行，乃將物資交秦皇島，木船焚燬。

2. 自九月份起我北巡艦隊由渤海灣迄連雲港一帶
   不斷截斷匪方海上運輸，已無汽船往來，根據
   二廳情報匪現改用大風船採分段接運辦法，本
   部已轉飭北巡艦隊嚴密注意。

3. 開赴南海各艦已於十一月二日抵虎門，俟廣州
   行轅人員登艦後即繼續啟行。

4. 上海發現懸掛日本旗之船隻入口，已電滬密切
   監視並查報詳情。

總長指示：

外輪入口例須通過外交部，日本船入口事應將詳情通知
外交部。

六、中訓團報告：

　　十日中訓團行開學典禮，是否警官學校亦參加？
　　請示。

總長指示：

可以參加。

七、兵役局報告：

　　上次會報奉指示重慶、上海、南京仍應徵兵，茲
　　將擬辦情形報告如下：

　　1. 今年應行準備之工作，成立團管區，並將軍事
　　　　科組織健全，恢復區鄉鎮保隊附，舉行戶籍調
　　　　查，實施國民身份證，調查及齡壯丁身家，以
　　　　及免緩禁役者之審核。

　　2. 明年春實施身體檢查抽籤，徵集入營。

八、測量局報告：

　　1. 三峽水庫區域自宜昌至瀘縣段全國水力發電總
　　　　工程處委託本局辦理航空測量，於十月二十三
　　　　日開始航空攝影，前後三次完成全部航攝四分
　　　　之一，其地面三角控制測量亦正進行中，預計
　　　　明年六月全地區可以完成。

　　2. 中美合作航測完成中國地圖案，原准美國陸軍
　　　　部請求奉主席核准，十月中旬麥帥總部派代表
　　　　十二人來京與本部廳局及空軍、聯勤總部等單
　　　　位代表十二人商討合作合同，十七日完畢由兩
　　　　方代表簽字俟呈奉兩國政府核准後生效，全案經
　　　　過業經簽報，該中文合同正由外交部核校中，俟
　　　　條文整理完畢即呈部總長轉呈政府核准。

總長指示：

1. 河北、河南、山東邊區地圖應速設法銜接。

2. 速清查現有地圖造冊呈閱。

參、討論事項（無）

肆、指示事項

盤山附近軍墾區，近由東北齊特派員世英領去，由經濟、農林等機構合組經營，本部可不必再催接收。

第二十四次參謀會報紀錄

時　　間　三十五年十一月十一日下午三時至三時四十分

地　　點　國防部會議室

出席人員　國防次長　　　劉士毅　秦德純

　　　　　參謀次長　　　郭　懺　方　天

　　　　　總長辦公室　　郭汝瑰　張家閑

　　　　　陸軍總部　　　林柏森

　　　　　空軍總部　　　周至柔

　　　　　海軍總部　　　周憲章

　　　　　聯勤總部　　　黃鎮球　陳　良　趙桂森

　　　　　各廳局處　　　侯　騰　張秉均　楊業孔

　　　　　　　　　　　　劉勁持　錢昌祚（吳欽烈代）

　　　　　　　　　　　　鄧文儀　劉　翔（劉　真代）

　　　　　　　　　　　　趙志垚（紀萬德代）

　　　　　　　　　　　　彭位仁　吳　石　徐思平

　　　　　　　　　　　　晏勳甫　蔣經國（賈亦斌代）

　　　　　　　　　　　　劉慕曾　陳春霖

　　　　　軍務局　　　　毛景彪

　　　　　中訓團　　　　黃　杰

　　　　　首都衛戌司令部　萬建蕃

　　　　　聯勤總部各單位　張　鎮　郗恩綏　吳仲直

　　　　　　　　　　　　楊繼曾　孫作人　黃顯灝

　　　　　　　　　　　　錢壽恒　吳仲行

主　　席　參謀次長郭代

紀　　錄　裴元俊

會報經過
壹、檢討上次會報實施程度

貳、報告事項
一、情況報告（二廳侯代廳長）略

二、戰況報告（三廳張廳長）略

三、海軍總部報告：

 1. 永泰、永順兩艦十一月四日在煙台附近八角口一帶攻擊匪船成果如次：計擊燬汽船三艘，擊沉大汽船三艘，大型貨船一艘，被擊損壞傾倒汽船五艘，大船二十一艘，另燬岸上砲位一處，機槍陣地多處，在龍洞咀燬汽艇二艘，沉一艘。

 2. 虎頭岩、掖縣、龍口外一帶海軍配合陸軍作戰狀況（略）。

四、運輸署報告：

 國大會議已借車三十輛，昨奉總長手令再撥借余井塘先生三十輛，袁守謙先生十輛，頃陳副總司令為招待軍隊代表請求撥用車輛，運輸署已無車可應付。

指示：

在撥余井塘三十輛中抽出五輛，並由運輸署再籌撥五輛，共十輛交陳副總司令應用。

五、財務署報告：

 十月份新給與增加之經費，請各單位飭軍需來領，本署不再通知。

六、海軍總部報告：

　　停戰期內，匪方海上如有運輸，如何處理？請示！

指示：

應繼續封鎖。

參、討論事項（無）

肆、指示事項

明日總理誕辰例假一日。

第二十五次參謀會報紀錄

時　　間　三十五年十一月十八日下午九時至十時三十分

地　　點　國防部會議室

出席人員　國防次長　　　　劉士毅　秦德純

　　　　　參謀次長　　　　劉　斐　郭　懺　方　天

　　　　　總長辦公室　　　錢卓倫

　　　　　陸軍總部　　　　林柏森

　　　　　空軍總部　　　　周至柔（徐煥昇代）

　　　　　海軍總部　　　　周憲章

　　　　　聯勤總部　　　　黃鎮球　陳　良

　　　　　各廳局處　　　　劉雲瀚　侯　騰　張秉均

　　　　　　　　　　　　　楊業孔　郭汝瑰　錢昌祚

　　　　　　　　　　　　　劉　翔　杜心如（張　桓代）

　　　　　　　　　　　　　趙志垚　彭位仁

　　　　　　　　　　　　　吳　石（戴高翔代）

　　　　　　　　　　　　　徐思平　晏勳甫

　　　　　　　　　　　　　蔣經國（貫亦斌代）

　　　　　　　　　　　　　劉慕曾　陳春霖

　　　　　軍務局　　　　　毛景彪

　　　　　首都衛戍司令部　萬建蕃

　　　　　中訓團　　　　　黃　杰

　　　　　聯勤總部各單位　張　鎮（吳天鶴代）

　　　　　　　　　　　　　郗恩綏　吳仲直　楊繼曾

　　　　　　　　　　　　　孫作人　黃顯灝　錢壽恒

主　　席　參謀次長劉代

紀　　錄　裴元俊

會報經過

壹、檢討上次會報實施程度

貳、報告事項

一、情況報告（二廳侯代廳長）略

二、戰況報告（三廳張廳長）略

三、海軍總部報告：

北巡艦隊咸寧艦本月十四日在煙台外芝罘島附近發現一艘可疑兵艦情形。

指示：

應以迅捷方法通知外交部，查詢蘇聯曾否通知我國有船行駛渤海海岸情形。

四、聯勤總部報告：

1. 六十七師（榮二師）原派為駐日佔領軍，曾請美方供應物品，現美方要求先期撥五百萬美金以本部戶名存放美方為佔領軍補給基金，按季支用，現六十七師是否仍須赴日？此事應否辦理？

2. 六十七師請撥發備作該師赴日時應用之裝備，是否照撥？

指示：

1. 赴日佔領軍之補給仍應準備。

2. 準備赴日之裝備，現時不能撥用。

五、運輸署報告：

部隊運輸狀況（略）

六、中訓團報告：

1. 召集軍官總隊長會議，擬月底舉行。

2. 以前各戰區長官部、綏署及總司令部結束時期，請主管單位查明告知中訓團，以便考核請求收訓隊員離職證明書之真偽。

3. 重慶失業軍官不合收訓規定人員，聚眾包圍分團，請示如何制止？

4. 上海水電路分團地點，駐有汽車十一營及新六軍留守處等部仍未移出，請聯勤總部速飭移讓，以便開學。

指示：

1. 軍官總隊長會議，照所擬辦理，惟人事、經理糾紛極多，有關單位注意準備。（人力計劃司、第一廳、第五廳、副官處、預算局、財務署、經理署、中訓團辦）

2. 2 項由三、五廳查明抄送。

3. 渝失業軍官聚眾搗亂，應電行轅負責制止，由中訓團擬稿送核。

4. 上海中訓分團地址，聯勤總部速飭駐用單位移出。

七、工程署報告：

1. 各單位常有同奉總長命令進駐一個營地，以後擬請指定一個單位承辦，以免衝突。

2. 吳淞砲台灣附近本部營地（現駐中訓團等單位），行政院資源委員會擬設置發電廠請求利用，如何處理？

指示：

1. 營房分配命令，由總長辦公室會工程署辦理。

2. 吳淞營地，本部如不必要，可讓行政院利用，由三廳與海軍總部會簽呈核。

八、預算局報告：

　　1. 追加預算，現均一面呈主席，一面呈行政院，似與行政系統不合。

　　2. 各單位辦理有關預算案件，擬請均先會預算局。

　　3. 辦理追加預算時，請各單位切實調查各地物價，俾符實際。

指示：

1. 追加預算應按行政系統，先向行政院請求，如有困難時，始呈主席。

2. 以後各單位凡屬預算案應交預算局或會同預算局辦理。

3. 各單位所請追加預算案，由預算局審核，各地物價，由預算局利用聯勤總部補給機構及有關行政機關，逐月調查備用。

4. 關於審計業務，因屬執行階層之聯勤總部財務署負責，計劃階層之幕僚機關，反而無審計單位，以是運用審計，非常不便，致未推行，此次檢討本部組織與職掌時，應加入研究解決。（第五廳、預算局、財務署辦。）

參、討論事項

擬具刊發本部各單位印章辦法提請公決由（第一廳提）

決議：

參謀部各單位，應以總長名義對外行文，屬於各廳局之單位無須刊發印章。

肆、指示事項

一、作戰部隊不知節省彈藥，聯勤總部應切實告誡。

二、停戰令下後，匪軍利用此機頻向國軍進攻，茲指示兩點，希注意遵辦：

    1. 參謀部各單位應主動負責推行各種業務，第三廳應隨時判斷情況適時適切指示各部隊之行動，空軍應與陸軍切取聯繫，匪如向國軍進攻，則陸、海、空軍應協同作戰。

    2. 聯勤總部對被服、糧秣、彈藥之補充準備不可鬆懈。

三、在此政治與軍事極端矛盾之際，二、三兩廳應注意研究，如停戰後我軍因被動而受損失，則軍事策略應加重新考慮，俾不失主動地位。

四、國大開會期中，凡有緊急問題，即向參謀次長請示辦理，不可貽誤；又以後凡普通呈總長校閱之件，均可先交主管機關核後再呈閱，以免週折費時。總之各種業務，應儘量互相連繫，以免重複或遺漏。

五、本部電燈線路年久失修，易釀火災，由特勤處整個加以檢查，予以修理，並酌置滅火機，以防萬一。

第二十六次參謀會報紀錄

時　　間　三十五年十二月二日午後三時至四時三十分

地　　點　國防部會議室

出席人員　國防次長　　　　林　蔚　劉士毅　秦德純

　　　　　參謀次長　　　　劉　斐　郭　懺　方　天

　　　　　總長辦公室　　　顏逍鵬　錢卓倫　張家閑

　　　　　陸軍總部　　　　林柏森

　　　　　空軍總部　　　　周至柔

　　　　　海軍總部　　　　周憲章

　　　　　聯勤總部　　　　黃鎮球　黃　維　趙桂森

　　　　　各廳局處長　　　劉雲瀚　鄭介民（張炎元代）

　　　　　　　　　　　　　張秉均　楊業孔

　　　　　　　　　　　　　郭汝瑰　錢昌祚（吳欽烈代）

　　　　　　　　　　　　　李樹衢　劉　翔

　　　　　　　　　　　　　杜心如（張　桓代）

　　　　　　　　　　　　　趙志垚　彭位仁

　　　　　　　　　　　　　吳　石　徐思平

　　　　　　　　　　　　　晏勳甫　蔣經國（賈亦斌代）

　　　　　　　　　　　　　劉慕曾　陳春霖（曹　登代）

　　　　　衛戍司令部　　　萬建蕃

　　　　　中訓團　　　　　黃　杰（李亞芬代）

　　　　　聯勤總部各單位　張　鎮　郗恩綏　吳仲直

　　　　　　　　　　　　　楊繼曾（洪士奇代）

　　　　　　　　　　　　　陳立楷　孫作人　黃顯灝

　　　　　　　　　　　　　錢壽恒　吳仲行

主　　席　參謀次長劉代
紀　　錄　裴元俊

壹、檢討上次會報實施程度

貳、報告事項
一、情況報告（二廳張副廳長）略
二、戰況報告（三廳張廳長）略
三、總長辦公室報告：

　　1. 本日隨紀錄附發出席各單位長官公函一件，係再度提出部務與參謀會報提案、報告、（或臨時動議）之性質及範圍，應遵照部頒會報通則規定提出，以清事權，請各單位出席者注意。

　　2. 上次會報主席指示事項中，有各種業務應盡量互相連繫以免重複或遺漏一層，近查各單位公文，尚有未能遵照辦理者，次長郭在以往會報中，亦曾迭有明白指示，例如編制或預算經費等，應分別向第五廳或預算局、財務署會核後再呈總次長，一般人事應逕送第一廳或副官處核簽，不宜逕簽總次長，蓋逕簽時仍須批交主管單位核辦，徒增手續，浪費時間，至於有關情報案件，應慎度情形，一面呈報總次長，一面通知第二廳，以期爭取時間，關於軍風紀及貪污等之重大案件亦可一面呈總次長，一面通知監察局或軍法處辦理。

四、海軍總部報告：

1. 查詢北巡艦隊咸寧艦上月十四日在煙台外所發現之可疑兵艦一案，外交部已函復，蘇聯並無通知有艦船行駛渤海海岸。

2. 本月二十八日我已佔領西沙群島，應否通告各國，或發報宣佈？

指示：

應以書面報告佔領經過，俾便轉請外交部研究辦理。

五、運輸署報告：

1. 部隊運輸狀況（略）

2. 前奉總長指示運新車三百輛到東北裝甲一案，現已運去六十餘輛，最近可運足百輛，餘二百輛，尚無新車。

3. 由杭州火車輸送十二、十七，兩軍官總隊隊員去滬轉東北一事，以紀律不良，運輸秩序無法維持。

4. 京市各機關三百五拾輛吉普車蓬已裝就，自本日起開始依次裝配。

六、憲兵司令部報告：

1. 憲兵二十六團奉令開至深圳（屬廣九線路），防止廣州軍人走私一案，惟經派員考查，多非事實，乃假冒軍人之行為。

2. 上海罷市情形。（略）

3. 軍官總隊在杭州車站肇事情形。（略）

指示：

軍官總隊紀律問題，有關單位（中訓團、第一廳、第五

廳、監察局）迅速注意糾正。

中央訓練團隊各軍官總（大）隊整飭辦法

（一）加強管理：隊員報到編隊後各級主管長官應嚴加管束，以養成遵守紀律之習慣，並組設軍風紀巡查隊於駐地附近經常巡查（巡查隊可設隊長一人，隊員若干人，人數多寡可視駐地情形而定，以資深績優之官長隊員輪流擔任，由總（大）隊自行編組報備），遇有違犯紀律情事，隨時予以糾正或制止，情節較重者應即帶送總隊部嚴行究辦。

（二）實施訓練：查教育內容空虛則管理困難，為使各隊員學術進修藉免閒散滋事，應飭按照本團前頒之訓練計劃認真實施，以符收訓名實（本團前頒佈之訓練計劃大綱附後）。

（三）嚴行考核：各級官長對所屬隊員早日思想品行學術能力應詳密調查，嚴加考核，以為轉退撥調等安置之準據，並將考核成績按月發表，庶使優秀者益加奮勉，庸劣者有所警惕。

（四）防範奸諜：各級負責官長應切實提高警覺，嚴防奸諜混跡，尤對青紅幫及其他不法小組織切實取締，如已參加者准予限期自動登記申請自首，逾期不報者，一經察覺，嚴懲不貸。

（五）本辦法經呈准後施行。

附抄中央訓練團各軍官總（大）隊轉業預備訓練修正計劃大綱（本計劃業經本年九月廿四日以教一字第二〇六號訓令頒發各軍官總（大）隊在案）

（一）訓練目的：在使各復員官佐具有組織、管理、領導、指揮、宣傳諸能力，以充實其主持機關及領導辦事之方法，尤須堅定其信仰，提高其精神，砥礪其品德，鍛鍊其身體，規律其生活，俾養成其從事國家建設事業之健全幹部為目的。

（二）訓練重點：基於上述目的，於訓練實施中，特應注意精神、思想、組織、管理、指揮、生活、體育、紀律、宣傳等訓練，尤須發揚其自覺、自動、自治之精神，此外並灌以普通常識及個別志願轉業部門之常識。

（三）訓練課目：除對中央各軍事學校各班期團隊出身之優秀軍官，其訓練課目應根據軍隊教育令所規定軍官教育之要求實施，及退（除）役退職軍官佐屬應遵照本團辰虞教一海電（附後）之指示另定外，一般轉業預備訓練課目以下列各項為準，但得視隊員素質而適宜增減之，以符因材施教、因人制宜之旨。

甲、學科

1. 精神訓話

（特應喚起其對復員整軍建國之深切認識，以堅定其意志）

2. 國父遺教

（除主義學說外，特應對實施計劃深刻研究，並應按轉業部門之性質分別研討，以引起各隊員對建設事業之興趣）

3. 領袖言行

（遵照委員長訓詞選輯擇要研究，並於紀念週及小組討論講解研究）

4. 國文

（含論文及公文，對不識字之行伍軍官應注意識字教育）

5. 外國語文

（限於英、蘇、日語文，視程度之深淺分班教授）

6. 歷史及地理

7. 數學

8. 公民

9. 國際現勢及時事講評

10. 各項法令

11. 各轉呈部門之專業常識

（依轉業志願分別摘要講授）

乙、術科：早操及各種體育運動

（四）訓練編組：視實際情況學科以大隊或中隊為訓練單位，術科以中隊為單位，故應依階級、素質、業科及轉業志願等分別編隊，以便實施訓練。又中央各軍官學校各班期團隊出身之優秀軍官，應另行編隊（特種兵科編為特科隊實施軍官教育，退（除）役退職軍官佐屬應另行編隊），遵照本團辰虞教一海電之指示實施訓練。

（五）訓練期間：分期訓練（以三個月為一期，（退）（除）役退職訓練，四個星期為一期），訓練

　　　　開始日期由各總（大）隊自行決定之，訓練期
　　　　滿應即依據修得之程度繼續實施下期之訓練。
（六）訓練方法：啟發、注入、討論三種方式併用，
　　　　但以養成其自動自覺之研究精神為主，故應組
　　　　織各項學術研究會利用小組討論或座談會實施
　　　　之，尤應舉行各種學術競賽以倡導之。
（七）訓練計劃：訓練實施計劃由各總（大）隊依照
　　　　本大綱按轉業預備訓練、優秀軍官補習教育及
　　　　退（除）役退職軍官佐屬訓練等分別擬定實施，
　　　　並分報本團及所隸分團核備。
（八）訓練考核：為考核各總（大）隊訓練實施情形
　　　　及成效起見，由本團各分團於可能範圍內分別
　　　　派遣督導組隨時赴所屬各總（大）隊巡迴督導
　　　　考核，各總（大）隊對其所屬尤應切實督導實
　　　　施，於訓練期間，各總（大）隊應按月造具教
　　　　育月報表分報本團及所隸分團，並於每期訓練
　　　　期滿後造具全期訓練實施經過報告書分報本團
　　　　及所隸分團核備。
（九）本大綱自公佈日起施行，如有未盡事宜，以命
　　　　令修正之。
附抄辰虞教一海電
各軍官總（大）隊密。各軍官總（大）隊退（除）役退
職軍官佐屬於退（除）役退職前，著由各該總（大）隊
自行施以四星期訓練，注重政府整軍意旨，軍人退除役
退職之意義與必要，及在鄉軍人應有之組織義務連繫
操守等教育，以期養成信仰堅定、品德優良、負責知

恥、為民表率之在鄉軍人，除分電外，仰即遵照辦具報
為要。

團長蔣中正

辰虞教一海

七、第五廳報告：

法國武官來告，謂法歡迎我國派遣軍官計參謀班
二員、裝甲騎兵班及參觀班各一員前往留學，除
參謀班二員已指定人員就近入學外，總長指示參
觀班名額提會決定。

指示：

可由本部考選一名參加。

財務署報告：

請主管單位注意，以後凡留學案一經決定後，盼儘先通
知預算局、財務署以便辦理外匯，因向行政院請領，
需時二月始能發下，如待人員出國時方接通知，無法
承辦。

八、預算局報告：

1. 三十五年度追加預算計共七千餘億元，經次長郭
   召集各單位檢討，計須追加者約三千九百餘億
   元，向行政院接洽，除七月份起調整待遇之不敷
   數及赴英接艦與退役等費用追加，應另案呈請
   外，餘二千六百餘億可另列一表備文呈核，可望
   批准，另案呈請者，希望較少。

2. 明年度概算，行政院核為四萬三千億元，除外
   匯部份不列外，共只列三萬八千餘億，與本部
   原報數相差甚鉅，已分報部總長。

參、討論事項

一、擬訂新成立單位選派人員原則提請公決案（第一
　　廳提）

決議：

通過，但只適用於陸軍，由第一廳呈總長核示，海空軍
目前人事業務狀況不同，可予緩辦。

二、為劃分匪軍投誠被俘處理業務提請公決案（第三
　　廳提）

決議：

通過，由第二廳呈總長核示。

肆、指示事項

一、保安局嗣後對各省有關保安部隊之地方行政事
　　項，可移歸內政部處理。

二、渝失業軍官，不必再度審查，由五廳郭廳長會同
　　行轅蕭參謀長、渝中訓分團李主任及聯勤總部高
　　處長會商遣送辦法，迅速處理。

三、我駐聯合國軍事參謀團代表團經費，何團長來電，
　　謂發匯過遲，第二廳與財務署注意，以後應提前
　　先匯，財務署並承辦覆電，說明過去請領外匯時
　　間難期迅速之情形。

第二十七次參謀會報紀錄

時　　間　三十五年十二月九日午後三時至四時二十分

地　　點　國防部會議室

出席人員　國防次長　　　　劉士毅

　　　　　參謀次長　　　　劉　斐　郭　懺　方天

　　　　　總長辦公室　　　錢卓倫　張家閑

　　　　　陸軍總部　　　　林柏森

　　　　　空軍總部　　　　周至柔（徐煥昇代）

　　　　　海軍總部　　　　周憲章

　　　　　聯勤總部　　　　黃鎮球　黃　維　趙桂森

　　　　　各廳局處　　　　劉雲瀚　侯　騰

　　　　　　　　　　　　　張秉均　楊業孔

　　　　　　　　　　　　　郭汝瑰　錢昌祚（龔　愚代）

　　　　　　　　　　　　　鄧文儀　劉　翔

　　　　　　　　　　　　　杜心如（張　桓代）

　　　　　　　　　　　　　趙志垚（紀萬德代）

　　　　　　　　　　　　　彭位仁　吳　石（戴高翔代）

　　　　　　　　　　　　　徐思平（鄭冰如代）

　　　　　　　　　　　　　晏勳甫　蔣經國（賈亦斌代）

　　　　　　　　　　　　　劉慕曾　陳春霖

　　　　　軍務局　　　　　毛景彪

　　　　　中訓團　　　　　黃　杰

　　　　　首都衛戍司令部　萬建蕃

　　　　　聯勤總部各單位　張　鎮　郗恩綏

　　　　　　　　　　　　　陳　良（黃壯懷代）

　　　　　　　　　吳仲直　楊繼曾　陳立楷

　　　　　　　　　孫作人　黃顯灝　錢壽恆

　　　　　　　　　吳仲行

主　　席　參謀次長劉代

紀　　錄　裴元俊

會報經過

壹、檢討上次會報實施程度

貳、報告事項

一、情報報告（二廳侯代廳長）略

二、戰況報告（三廳張廳長）略

三、總長辦公室報告：

　　各軍官總隊退役退職人事，限十二月底以前辦理
　　完竣，中央所派各督導官，均已到達各總隊督促
　　辦理中，惟據報（一）退役（職）所需經費，各補
　　給區有尚未撥付足數者，（二）交通工作缺乏，有
　　已辦理退役（職）手續不能離隊者，擬請中訓團、
　　第五廳、服役業務處及運輸、財務署各有關單位
　　會商解決上項困難，以期如限完成。

指示：

各有關單位應主動的負責處理。

四、海軍總部報告：

　　1. 上月十四日在煙台發現可疑之軍艦案（略）。

　　2. 西沙群島案（略）。

　　3. 根據中蘇友好條約，旅順為共同使用之軍港，

似應先組中蘇海軍軍事委員會，可否即行研究
準備？

指示：

1. 對南沙島試航如不成功，應即報告，以便轉報。

2. 旅順應否組中蘇海軍軍事委員會，即洽外交部，提
出供其參考。

五、中訓團報告：

1. 軍官總隊長會議時，總長對於留用退役（職）
金事，曾經指示應予澈查，並囑提出會報，今
後發給經費，請服役業務處分電督導官與總隊
長知照。

服役業務處答復：

補給區留用退役（職）金，正澈查中。

2. 兵役班第二期受訓人員日內即可分發離團，三
期候部方決定。

3. 外國對我軍事復員情形，多不明真象，宣傳部
彭部長定本星期三約外記者來團參觀軍官復員
情形，期有真實報導，團內已準備簡單招待。

六、第二廳報告：

十月十一日停戰後，主席手令指示各注意事項，本
部當即轉令前線各高級司令部，殊鄭州綏署所轄之
四十一師竟將此手令油印分發，致落於匪手，刻已
擬具保密辦法，通令各部，以後凡轉達上級命令，
不准寫出轉奉上級字樣，直接用該單位名義發佈。

指示：

查各級對計劃與命令之性質分別不清，上級之計劃不應

層層全部轉達，不但不能保密，最下級一次奉到最上級
之整個計劃亦屬無用，應根據計劃按步驟逐次化為命令
適時下達，今後對參謀教育，須特別注意。

七、新聞局報告：

此次充任師團管區人員，以破壞役政之反宣傳甚
多，需政工人員協助，是否可以酌派？

指示：

能就現有人力（素質）、財力而不增加預算，應予照
派，可報告總長決定。

八、運輸署報告：

部隊運輸狀況（略）

參、討論事項

舉行年終業務檢討案（總長辦公室臨時動議）

三十五年度即將終了，各級單位乃至每一承辦人員，似
應自行分層舉行業務檢討，將一年中之工作，作一清算
與結束，是否可行，提請公決。

決議：

由總長辦公室會有關單位研究格式通知辦理。

肆、指示事項（無）

第二十八次參謀會報紀錄

時　　間	三十五年十二月十六日午後三時至四時	
地　　點	國防部會議室	
出席人員	國防次長	秦德純　劉士毅
	參謀次長	劉　斐　郭　懺　方　天
	總長辦公室	顏逍鵬　錢卓倫（張斆濂代）
		張家閑
	陸軍總部	顧祝同　林柏森
	空軍總部	周至柔
	海軍總部	桂永清　魏濟民
	聯勤總部	黃鎮球　趙桂森
	各廳局處	劉雲瀚　侯　騰　張秉均
		楊業孔　郭汝瑰　錢昌祚
		鄧文儀　劉　翔（廖濟襄代）
		杜心如（張　桓代）
		趙志垚　彭位仁　吳　石
		徐思平　晏勳甫
		蔣經國（賈亦斌代）
		劉慕曾　陳春霖
	軍務局	毛景彪
	中訓團	黃　杰
	首都衛戍司令部	萬建蕃
	聯勤總部各單位	張　鎮　郗恩綏　吳仲直
		孫作人　黃顯灝　錢壽恒
		吳仲行

主　　席　參謀次長劉代

紀　　錄　裴元俊

會報經過

壹、檢討上次會報實施程度

修正紀錄

報告事項第七新聞局報告……「需政工人員協助」……

一句修正為……「請求政工人員協助」……

貳、報告事項

一、情況報告（二廳侯代廳長）略

二、戰況報告（三廳張廳長）略

三、海軍總部報告：

　　1. 南沙島方面已在長島登陸，島上無居民，但房
　　　 屋尚多，且有淡水井五個，草木遍地，海邊為
　　　 珊瑚岩，刻正繼續登陸中。

　　2. 伏波號，已於本月十四日午後到京，擬稍整
　　　 理，再開廣州服務。

四、運輸署報告：

　　部隊運輸狀況（略）

五、陸軍顧總司令報告：

　　1. 綏靖作戰，對收復城鎮之防守，在戰術上請參
　　　 謀部考慮，凡要點自須堅決固守，但次要者不
　　　 妨給與綏署以活動之餘地，蓋如不分輕重，逐
　　　 處均須固守，則用兵即失卻機動，無集中優勢
　　　 兵力之機會，反致為匪所乘，況在地圖上有若

干認為係要點，實際則不重要。查剿匪勝利之關鍵，不在城鎮之得失，而在求其主力殲滅之，城鎮不收復而自收復矣。（第三廳辦）

2. 花園堵口，明年一月中旬可以復堤，此後黃河改歸舊道，戰略地形發生變動，擬請參謀部在作戰指導上注意新的事實，以求適應。（第三廳辦）

3. 黃河氾濫區中之散匪，頃計劃以五團兵力為基幹，配合地方團隊搜剿，該區內無糧可購，請將代金改發現品；又地區遼闊，部隊復少，全賴機動，頃已徵集汽車若干，請發汽油二千五百加侖使用。（聯勤總部辦）

參、討論事項

復員及無職軍官佐之收訓辦法，明年元旦起應行修正案（第一廳提）

決議：

通過，並呈報總長核示。

肆、指示事項

第四補給區送昆明十六年軍官總隊受訓人員，超過原報人數甚多，似有冒濫情形；再補給區留用退役（職）金案，併由聯勤總部、第一廳、服役業務處派員會同前往澈查。

第二十九次參謀會報紀錄

時　　間　三十五年十二月三十日下午三時至四時三十分

地　　點　國防部會議室

出席人員　國防次長　　　林　蔚　劉士毅　秦德純

　　　　　參謀次長　　　劉　斐　郭　懺　方　天

　　　　　總長辦公室　　錢卓倫　顏逍鵬　張一為

　　　　　　　　　　　　張家閑

　　　　　陸軍總部　　　林柏森

　　　　　空軍總部　　　周至柔

　　　　　海軍總部　　　周憲章

　　　　　聯勤總部　　　黃鎮球　陳　良　趙桂森

　　　　　各廳局處　　　劉雲瀚　侯　騰　張秉均

　　　　　　　　　　　　楊業孔　郭汝瑰　錢昌祚

　　　　　　　　　　　　鄧文儀　王開化（廖濟寰代）

　　　　　　　　　　　　杜心如　趙志垚

　　　　　　　　　　　　彭位仁　吳　石（戴高翔代）

　　　　　　　　　　　　徐思平　晏勳甫（黃香蕃代）

　　　　　　　　　　　　蔣經國（徐思賢代）

　　　　　　　　　　　　劉慕曾　陳春霖

　　　　　軍務局　　　　傅亞夫

　　　　　中訓團　　　　黃　杰

　　　　　首都衛戍司令部　湯恩伯（馮其昌代）

　　　　　聯勤總部各單位　張　鎮　郗恩綏　吳仲直

　　　　　　　　　　　　　楊繼曾　陳立楷　孫作人

　　　　　　　　　　　　　柳際明　錢壽恒（劉振世代）

吳仲行

主　　席　參謀次長劉代

紀　　錄　裴元俊

會報經過

壹、檢討上次會報實施程度

貳、報告事項

一、情況報告（二廳侯代廳長）略

二、戰況報告（三廳張廳長）略

三、總長辦公室錢主任報告：

本人奉令赴蓉為軍校二十期畢業監考，並代表總長主持畢業典禮，二十期畢業學生共一一一六名，各兵科均有，一般成績尚好，川中輿論軍校風紀較前優良，訓練因著眼戰場教育，亦有進步，已另具報告呈總長。

四、空軍總部報告：

1. 三十五年空軍，作戰、空運、訓練狀況數字統計（略）

2. 本月十八日空軍有運輸機一架飛瀋，因誤降於平壤蘇聯飛機場，曾受蘇方招待並為加油後飛回瀋陽。

3. 傘兵總隊，有青年軍應退伍者約千人，擬准其退伍，不然，其意志不安，影響服務，且傘兵現有五千人，傘不敷用，退伍後於軍力亦無損，請主管單位加以研究。

4. 現有低階空軍人員脫離空軍總部後，到國防部
   各單位任高階職務，此於人事管理有礙，應請
   制止。

憲兵司令部報告：

憲兵中，亦有青年軍撥來不久，即請退伍，既感訓
練期短，辦理手續亦深紛繁，現值軍事時期，是否
可以延役。

兵役局答復：

按照兵役法規，特種兵服役三年應退伍，空軍、憲兵如
已期滿者，可以退伍，如需延役，應以國府令公佈。

五、海軍總部報告：

海軍抗戰時所製造之水雷，勝利後散存各地，數
字頗多，除在辰谿一部奉令已交兵工署接收利用
外，其餘在川、湘、鄂各地尚有三九四一具，迭與
兵工署接洽移交，據復需運京始可接收，查水雷體
積重大，運費龐大，曾請設保管組分區保管，未蒙
批准，究應如何處理，請示！

指示：

由第四廳研究處理。

六、運輸署報告：

最近院長宋面諭上海富司令自明年元旦起虬江碼
頭交物資供應局，軍方不准再使用，經本部及富
司令再四與物資供應局交涉，結果該局只允暫為
通融，但不能明文規定，政院則擬以黃埔碼頭撥
一半歸軍方使用，但以該碼頭在外灘，不能保守
軍事行動機密，距商業區過近危險性大，且幅員

狹小，水淺無法停靠，因此本部不擬使用，刻正
派人勘查上海區可作軍用碼頭地區，再請總長轉
呈政院，指定機關，負責修建軍方專用碼頭。

七、新聞局報告：

1. 奉中央指示，由本部多印憲法原文散發綏靖區、
   匪區，以廣宣傳，本局已編印百萬份，明可印
   就，擬請空軍總部於三、五日內派機散發。

2. 本局奉令恢復前青年軍出版社之中國時報，專供
   綏靖區宣傳，定元旦創刊，請各單位供給材料。

3. 中國萬歲劇團，預定元月三、四、五日演出「紅
   塵白璧」一劇，請各單位斟酌人數，俾分配時
   間與票數。

八、預算局報告：

1. 三十五年度本部追加預算案上有肆千捌百餘億元
   未奉批准，經一再向行政院催請，可能增加捌百
   餘億元，其餘恐無希望，現年度終了，擬請各單
   位對各項業務詳加檢討，如能勉強過去，希望不
   再提請追加，如確已虧欠必需追加者亦請覈實迅
   速提出。

2. 三十六年度軍費預算已於本月二十八日奉國防最
   高委員會審定，惟審定數字與本部實際需要數相
   差甚巨，當時曾奉主席諭准另發一部份實物，除
   實物預算另編外，茲擬先就審定預算依左列標準
   分配之。

   (1)行政經費及副秣費按實有機關、部隊、學校
      單位人數分配。

(2)交通器材、衛生器材、馬騾、補充燃料、服裝徵募、軍事機要特別補助等費，均照行政院伸算分配。

(3)武器彈藥費：照行政院伸算數增加東北兵工廠製造費。

(4)運輸費：照行政院伸算數增加復員運輸費。

(5)政訓費：所有新聞局、陸總部、特勤處、民事局等政訓工作費用一併計劃。

(6)營繕費：三十六年各地營產均須整理照伸算酌加。

(7)退役退伍費、轉業訓練費、明年度給與增高酌予增列。

(8)撫卹經費三十六年度兩年併發及給與增高故酌增。

(9)特種器材、工兵器材、留學考察、諜報訓練等項行政院均無伸算，三十六年度此項業務科目費款均係增列。

(10)海軍經費照三十五年十二月份實發數伸算酌增三十六年度擴充費用。

(11)空軍經費三十五年十二月份實發數伸算酌增事業費用。

3. 三十六年度青中青職經費三百六十餘億元本部原請行政院另列預算，但此次核定三十六年度總預算並未另列，亦未增列本部預算，究應如何之處，敬乞指示。

4. 文職公務員待遇業經調整，武職待遇應如何調

整，擬請財務署擬辦。

陳副總司令報告：

明年核定預算與實際相差過遠，雖計劃十分週切，不能按照實施，困難至大。

指示：

關於預算問題，另由林次長召集會議解決。

參、討論事項

一、復員業務整理組，擬即遵限結束，關於中訓團各軍官總（大）隊撤銷前後未了案件之接收處理，謹提具意見，請公決案（第一廳提）

決議：

照所擬辦法第一辦理。

二、擬請定期召集本部各單位辦公室主任舉行會報案（第四廳提）

決議：

總務會報，爾後可由辦公室主任出席。

三、本部上校以上正副主官，擬請予以技術訓練，嗣後憑駕駛執照行車，以策安全案（運輸署提）

決議：

照辦。

肆、指示事項

現值軍事時期，本部工作不能停頓，新年除元旦放假一日外，二、三兩日上午各單位應視業務需要留人辦公，下午放假。

國防部參謀會報第二十一次至二十九次重要業務檢討表

日期：三十五年十月二十二日

會報次數：第二十一次

事件	已否辦理	已辦尚未完成原因	未辦原因
總長指示： 一、復員將官安置計劃批准後，由林次長主持，第一廳、中訓團會同辦理，即付實施。 承辦單位：第一廳、中訓團會辦	業經遵辦，實施情形如參謀會報第廿二次第一項第一款中訓團報告。		
二、復員軍官安置要迅速處理，早日結束，應退役者速退，轉業訓練應加緊辦理，不可久延，致使一般感到不滿，錢廳長、黃教育長可親往各地巡視，就地分別實際迅速辦理。 承辦單位：第一廳、中訓團	當即轉飭所屬承辦單位加緊工作遵照辦理，並指導復員業務組承辦，調用中訓團少將團員分赴各軍官總隊督導，分別迅速辦理。		
指示事項： 一、在滬逮捕蘇聯主教案，由第二廳將經過情形告知外交部王部長。 二、各單位切勿在文字上想辦法、用工夫，應切實解決實際問題。 三、發佈命令務要替部下設身處地著想實際是否可以貫澈，免失威信。 承辦單位：二廳	已辦。		

事件	已否辦理	已辦 尚未完成原因	未辦原因
海軍應從上級整飭，廣東海軍以船走私應即澈查，務調到京滬整理，並由第三廳承辦命令，在廣東之海軍由行轅張主任暫行負責指揮： 承辦單位：第三廳	遵以酉養戰謀二海電令分別飭遵。		
上次出巡，各部隊請求事項業經批下，已否辦理（劉次長報告已辦），此次出巡復有若干請求事項，當即批下，承辦單位務速行辦理。 承辦單位：第三廳	上次出巡帶回交辦事件，遵已分電各有關單位將辦理情形送處彙轉，經以一月十五日以戰謀字五一〇八號簽移總長辦公室核辦，此次出巡批件由第二處承辦。		
東北改製之裝甲車已電杜長官先撥一連交孫長官使用，對清剿殘匪效力甚大，前令挑選新車（最好最新之美車）三百輛運送東北改裝，可陸續運去，此三百輛裝甲後如何分配。 承辦單位：第三廳	已擬定各戰區負有積極任務之平原作戰各部番號及優先次序送第五廳，並電飭聯勤總部遵照陸續撥運東北具報。	據五廳子齊代電略稱，已電聯勤總部負責辦理，惟該項車輛裝甲費時，已飭每裝成十五輛即編成一連待命編調。	
海軍總部報告以海軍北巡艦隊所獲奸匪船艇物資擬照下列辦法辦理： （一）已交青島警備部者由各艦造送清冊，警備部將收據交艦隊部轉報。 （二）未交者由國防部電令青島警備部：凡海軍截獲奸匪船艇物資，由海軍總部報准國防部處理。 承辦單位：第四廳	已辦。	經簽准規定艦艇截獲奸匪物資處理辦法二項，以戌冬代電分飭海軍總部、青島警備部遵照，去後據海軍總部戌刪代電附呈艦艇截獲物資處理辦法，復經修正以戌感代電頒發，刻該總部正賡續遵照實施中。	

事件	已否辦理	已辦尚未完成原因	未辦原因
總長指示： 明年度軍費預算宋院長命趙局長、孫署長前往報告。 承辦單位：預算局	已辦。		
戰犯收容所有醫藥不良及吃不飽情形。 承辦單位：監察局	已飭拘留所切實改良。		
參謀總長指示： （一）戰犯收容所醫藥不良及吃不飽情形應查明辦理。 （二）戰犯審判甚望加速辦理，早日完成。 承辦單位：軍法處	（一）充實醫藥──各戰犯拘留所藥品經簽准由各補給區及軍醫署按實際需要發給實物。 （二）添派軍醫──各所增設看護士一名，收押戰犯過百名者增設軍醫一名。 （三）改善伙食──戰犯主副食過去各補給區多發雜糧，數目亦參差，經簽准士兵給與配發，已由聯勤總部通飭照辦。 （四）經於上年西文法戰第二一九九號代電、申寢法戰電及戌元防法戰字第四一七九號代電，飭各軍事法庭加速審理並規定審理案件月報表，令飭各庭按月具報俾考其進度，惟各庭法官係司法人員兼任，但調查罪證經費困難，對案件進行影響均鉅，已迭請司法行政部改派專任法官，該部正辦理中，調查費方面已請戰犯處理委員會專案請領。	按照預定計劃擬於三十六年六月完成。	

事件	已否辦理	已辦尚未完成原因	未辦原因
總長指示： 一、青島卸煤事可與聯勤總部接洽。 二、海軍應從上級整飭，廣東海軍以船走私，應即澈查，務調到京滬整理。 三、靜安船限月底交與招商局。 四、海軍士兵可在青年師挑選，前由美返國之八艦士兵一般程度尚高，應加意培植。 五、截獲奸匪物資： （1）已交青島警備部者由各艦造送清冊，警備部將收據交艦隊部轉報。 （2）未交者由國防部電令青島警備部「凡海軍截獲奸匪艇物資，由海總部報准國防部處理」（第四廳辦）。 （3）獎勵辦法由海軍總部擬定呈核。 承辦單位：海軍總司令部	已辦。 走私船隻及有關人犯已扣留，因情形複雜，已由代總司令親往澈查並已遵諭整理。 已辦。 已辦。	俟軍士學校新兵大隊編制奉准後，當遵諭赴青年師挑選優秀士兵，八艦士兵正擬甄選軍官速成班受訓。	
總長指示： 財務訓練班溢額一六〇餘人，由陳副總司令配合師團管區等機構之需要統籌計劃安置。 承辦單位：經理署		派員赴中訓團接洽，據稱該班學員報到未齊，並無溢額，師團管區需人迫切，未便配合統籌。	

事件	已否辦理	已辦尚未完成原因	未辦原因
4. 北平天壇後方醫院，移駐懷來或張家口，人事業務均加以整理，所遺天壇原址，即改設陸軍醫院分院，應需材料，就補給區盡量撥給，以期省費，匯去之一億元，即飭其作修理房舍之用。 承辦單位：軍醫署		經已承辦聯勤總部戌佳代電規定五項辦法，分飭五補給區即北平總院具報，尚未據呈復，正擬稿催辦中。	
檢查車輛。 承辦單位：首都衛戍司令部	第四次交通檢查係已辦理完成，其經過情形如次： 1. 不合規定經扣留辦理者，計 122 輛。 2. 經警告放行者，1347 輛。	第五次交通檢查已於元月十二日開始至十九日止，檢查情形俟各檢察單位報部，再彙集呈報。	
一、收訓將官早經顧慮交通，經飭就各地分團報到，計西北方面者在西安分團，渝溶昆區者在重慶分團，兩廣指定由行轅張主任代辦，到京者均係前軍委會之將官，為數已達千人，現聞將官安置計劃已蒙主席批准，擬請加速實施（中訓團報告）。 總長指示： 復員將官安置計劃批准後，由林次長主持，第一廳及中訓團會同辦理，即付實施。 承辦單位：林次長主持，中訓團與第一廳辦理	收訓將官已由本團與重慶、西安兩分團辦理。	無職將官已經截止收訓，今後只收由國防部核准將官。	

事件	已否辦理	已辦 尚未完成原因	未辦原因
二、水產學校擬利用海軍船隻，師資及一部教材正望海軍盡量協助（中訓團報告）。 海軍總司令報告： 擬在財務班挑選少校以下人員五十員，水產訓練海軍決盡力協助。 承辦單位：林次長主持，中訓團與第一廳辦理	正洽辦中。		該項訓練班因物資撥給困難，經接洽數次，迄無圓滿結果。
三、東北分團編制，因其訓練項目加多，擬請酌予擴大，關於訓練請國防部在主動地位整個計劃（中訓團報告）。 總長指示： 中訓團東北分團編制訓練事項另開小組會議解決，由中訓團負責召集有關單位辦理之。 承辦單位：中訓團負責召集有關單位辦理之	已於本月廿四日在第一廳洽辦完畢。		
四、直屬軍官第七大隊開赴東北後，擬請長官部將大隊部人員一齊接收，將該大隊番號撤銷（中訓團報告）。 總長指示： 第七大隊應撤銷，學員由東北長官部接收。 承辦單位：中訓團	已電飭於卅五年底撤銷，尚未據報結束完畢。		

事件	已否辦理	已辦尚未完成原因	未辦原因
五、財務訓練班只能訓練五百人，現超過一百六十餘人，希聯勤總部酌予調用（中訓團報告）。 總長指示： 財務訓練班溢額人員由陳副總司令配合師團管區等機構之需要，統籌計劃安置。 承辦單位：聯勤總部陳副總司令			查轉業財務人員原錄取六六四員，除已他調退職退（除）役者外，現實有四六八員，未超出預定名額，故未辦理。
六、總長指示事項：第五條復員軍官安置務要訓速處理，早日結束，應退役者速退，轉業訓練應加緊辦理，不可久延，致使一般感到不滿，錢廳長、黃教育長可親往各地巡視，分別實際迅速處理。 承辦單位：第一廳、中訓團	正辦理中。		

日期：三十五年十月二十九日

會報次數：第二十二次

事件	已否辦理	已辦尚未完成原因	未辦原因
馬鴻逵、馬步芳請求補充武器、汽車。 總長指示暫緩補充，三、四、五廳注意聯繫部隊，補充標準完全以能否作戰及肯否作戰為根據。 承辦單位：第三廳	馬鴻逵西世電呈騎十旅已集結完竣，八一師可開靈武接受補充，四廳逕以戌微電聯勤總部辦理補充中，馬步芳部請求一百旅免調，逕承辦戌支電飭迅開蘭州接受補充待命。	復據張主任戌鹽電轉據馬副主任步芳戌元電話稱，已飭騎五團開河口，一百旅之二團開臨夏等語，以蘭州駐兵擁擠，暫在臨夏、河口待命。	

事件	已否辦理	已辦尚未完成原因	未辦原因
將前方作戰殘破之部隊與後方未作戰之部隊交換，以便整理補充。 承辦單位：第三廳	遵查除駐川、滇、康等省部隊事實上換防困難，寧、青兩省部隊另有命令東調策應榆林作戰外，遵已擬具換防計劃呈核，奉總長批示：「照批辦理」，已移本廳二處下令實施中		
總長指示： 1.北平之第十八軍官總隊可以編併撤銷。 2.希將各軍官總隊於卅五年底結束。 3.將卅三、卅四、卅五年軍以下各部隊單位人數作一份年度整編比較表，以便轉交馬歇爾。 承辦單位：第五廳	已於卅五年底撤銷。 分別於元、二月底結束。 已辦出。		
總長指示： 宋院長曾面告目前收支相差甚大，此刻以軍費為最大，預算局應以口頭及書面說明本部明年度預算必需數額之原因。 承辦單位：預算局	已辦。		
京滬仍應徵兵，兵役局注意辦理。 承辦單位：兵役局	已辦。		
部屬參謀選格必須從嚴，應注意。 承辦單位：副官處	已遵照從嚴審核辦理矣。		
前軍委會各單位結束處可如期結束，各單位辦理退役退職人員務於月底以前辦好。 承辦單位：副官處	已遵限辦竣。		

事件	已否辦理	已辦尚未完成原因	未辦原因
總長指示： 一、煙台截獲匪方船艇物資，應報告主席、部長。 二、長江砲艇除留必要者外，應調太湖剿匪。 承辦單位：海軍總司令部	已辦。 已辦。		
太平永興兩登艇出發南海，請空軍攝影協助。 承辦單位：空軍總部	西沙群島之攝影業已完成，正報一份呈委座，一份送海軍部。		南沙群島以航程過大，P38 及 B25 之航行半徑均難以達到，故未作該地攝影。
擴長明故宮機場東西兩端跑道。 承辦單位：空軍總部			該項工程當以明故宮機場聞有劃為政治區之計劃，經呈奉國防部樹程字第四七三號代電，轉奉行政院節京式第一〇一三二號指令，該處原有機場佔全區土地大部，自在計劃範圍，所擬擴大機場跑道應暫從緩在卷。
總長指示： 一、行政院蔣祕書長電話已允先撥購糧款三百億，目前集中糧食應爭取時間，不然即困難叢生。 承辦單位：經理署	此項三百億元係為收購匪區糧食，原由糧食部長主稿會簽主席核准，款由糧食部領發，早經領到發交軍糧儲備委員會收購。		

事件	已否辦理	已辦尚未完成原因	未辦原因
七、兵工署報告： 1. 東北國軍重機槍，均係水冷式，冬季不能作戰，前在美訂購之不凍液體，凍點在零下四十度以外，現已運到上海，惟因海關需要化驗，恐須延遲旬日。 總長指示： 應備函通知海關，軍品不必化驗，趕運東北、內蒙，以應需要。 承辦單位：兵工署	已辦。		
指示事項： 六、聯勤總部報告：黃總司令來電，東北營房應即行修繕，再延即無法修復，需請發款，請示可否修繕。 總長指示： 1. 東北及平津營房，均應即行修繕。 2. 各地營房，部隊離開後，多被當地人民拆毀，應予嚴禁，爾後對營產管理，地方鄉鎮保甲，應參加共同負責。 3. 修繕費可就營產本身設法，將許多不必要之營產變賣或向銀行押款，以免本部增加預算。 承辦單位：兵工署	2. 已承辦國防部代電，請各省市政府轉飭各地方政府鄉鎮保甲負責協同參加管理在案，現已■■■見復遵辦矣。	1. 東北各部隊駐用營舍，前據六補區司令部呈請修理，經先後簽准撥發國幣一億三千萬元交該部會同東北行轅統籌支配辦理，嗣總司令黃巡視東北，復電呈總長請飭東北行轅增墊通券一億三千萬元，亦經遵辦，並簽呈主席撥發各在卷，至辦理情形如何，已飭俟六補區司令部彙報另簽核。 2. 新一軍營舍修理已由預算局承簽主席令先撥通券八千萬元辦理矣。	

事件	已否辦理	已辦 尚未完成原因	未辦原因
		3. 抗戰前所有營產只清理全國十分之一，復經八年淪陷，變遷頗多，前已呈請恢復調查組，分赴各省勘查後，再行變賣以作營房修繕等費，嗣未奉准，業已簽請將原有營管所人員調整半數，藉可清查各省營產，一俟奉准，即可遵照辦理。	
總長指示： 1. 本部後面新建宿舍，現因改為辦公房舍所必需之設備，即行簡單辦理，馬標破濫房屋，可以折去，工程署應整個計劃調整。 2. 活動房屋，分配本部者仍須領用。 3. 行政院撥配本部住宅，應先配給低級而生活困難之人員住用，已覓得住屋者，即不予分配，由林次長召有關單位研討控制與分配辦法。 4. 本部成立已久，內部營繕工程尚未完竣，工程署應計劃在兩週內全部辦理完成。 承辦單位：工程署	2. 已領五千幢，奉諭配給湯山聯勤教官訓練班十六幢，與小■門聯勤幹訓班三十四幢，均已分別裝建完成。 3. 已辦。	1. 已辦（添建廚房、飯廳，並已完成）。馬標破防已拆一部份，餘因各單位須暫住，擬似國防部房屋調整批准後，當再請遷讓拆除，統籌計劃。 4. 修繕工程已全部完成，惟接水工程尚在辦理中，須與自來水管理處會同勘辦。	
第六廳報告： 馬標六廳房屋，迄未修繕。 總長指示： 工程署照指示統一計劃修繕之原則，速行辦理。 承辦單位：工程署			查該廳即將遷入新建房屋內，俟遷移後即行統一辦理。

事件	已否辦理	已辦 尚未完成原因	未辦原因
總長指示： 1.各機關借用吉普車，宋院長已允完全歸還，又國大代表借用二十輛後，不必再借。 2.收回各機關之車輛，盡量撥配前方。 承辦單位：運輸署		一、奉總長手令後，因各代表紛請借車，且經上級批准，計續借代表之車共85輛。 二、現國大已閉幕，前借車輛已收回大部，均已陸續轉發前方。	
三、憲兵司令部報告： 　京市憲兵兩團，請每團配車十輛，為國大開會及冬防期間，加強郊外巡查之用。 總長指示： 可酌予分配。 承辦單位：運輸署	已辦。		
三、總長辦公室報告： 3.部屬參謀，實際服行參謀業務，數額有一定規定，故選格必須從嚴，各單位保額太多，有位置閒散人員之嫌，應請注意。 承辦單位：聯勤總部	3.已遵示將不必要之人員裁減，以後對於編制人員當力求緊縮。		
一、將官安置案於上次會報後由林次長召集有關單位會議，經決定辦法如下：（中訓團報告） 1.調查志願。 2.全國尚有軍官總隊三〇個，直屬大隊三個，擬陸續編併，短期擬召集一次總隊長會議。 總長指示： 1.北平第十八軍官總隊可以編併撤銷。 2.希望將各軍官總隊於本年底全體結束。 承辦單位：中訓團辦	正彙辦中。 已於十一月二十七、二十八、二十九，三日舉行。 該總隊已於卅五年底結束。 已擬具第一期編併計劃，令飭實施併報備。		

日期：三十五年十一月四日

會報次數：第二十三次

事件	已否辦理	已辦尚未完成原因
上海逮捕主教案可准保釋。	已辦。	
開赴南海各艦已於十一月二日抵虎門，俟廣州行轅人員登艦後即繼續啟行。 承辦單位：第三廳	1. 已將派艦情形以戌篠代電呈報行政院並復內政部。 2. 已於十二月十七日簽呈附表報請主席鑒察。	
總長指示： 1. 河北、河南、山東邊區地圖應速設法銜接。 2. 速清查現有地圖造冊呈閱。 承辦單位：測量局	已辦出。 已辦出。	
各部隊請求補充，已經批准者應即速發，如發款代補充，須防止下級貪污受賄。 承辦單位：監察局	已分別通知有關補充機關遵辦。	
總長指示： 日本船入口事，應將詳情通知外交部。 承辦單位：海軍總司令部	已辦。	
總長指示： 一、各種業務辦理之後，應考察監督是否到達要求，如本日有中央派赴北方視察人員告知四十師已批准之物品尚未領到，應即查明速發。 二、各部隊請求補充已經批准者應即逐發，不能補充者應即明白批示及發款，最好立於主動，可以減少部隊麻煩並防止下級貪污受賄。 三、以後各種表冊應注意記明年月日期，以免久後考查困難。 承辦單位：經理署	指示各項已切實注意遵辦。	
報告事項： 空軍總部報告：榆林迭次要求空運子彈及糧款，請聯勤總部立於主動，作有計劃之輸送。 承辦單位：經理署	查榆林購糧款十五億元已於亥號匯西安轉鄧副長官，經電請空軍總部轉飭派飛機送，暨電周司令就近洽辦在案，其餘彈藥部份擬移運輸署查復。	

事件	已否辦理	已辦尚未完成原因
空軍總部報告： 榆林迭次要求空運子彈及糧款，請聯勤總部立於主動作有計劃之輸送。 承辦單位：運輸署		本案准兵工署代電以榆林方面彈藥補給計劃，由兵站根據長官部作戰指示辦理等由，復經空軍總部請檢送，經復查空運補給均係臨時發生緊急情況，事先無法計劃在案，現榆林陸路已通，經飭由陸路運往。
總長指示： 2.各種業務辦理之後，應考察監督，是否達到要求，如本日有中央派赴北方視察人員告知，四十師已批准之物品，尚未領到，應即查明速發。 3.各部隊請求補充，已經批准者，應即速發，不能補充者應即明白批示；補充及發款，最好立於主動，可以減少部隊麻煩，並防止下級貪污受賄。 4.以後各種表冊，應注意記明年月日期，以免久後考查困難。 承辦單位：軍醫署	已遵辦總長指示各點，轉飭本署各司處室組遵照辦理。	

日期：三十五年十一月十一日

會報次數：第二十四次

事件	已否辦理
四、運輸署報告： 國大會議已借車三十輛，昨奉總長手令再撥借余井塘先生三十輛，袁守謙先生十輛，頃陳副總司令為招待軍隊代表請求撥用車輛，運輸署已無車可應付。 指示： 在撥余井塘三十輛中抽出五輛，並由運輸署再籌撥五輛，共十輛交陳副總司令應用。 承辦單位：運輸署	一、遵於十一月十二日派余井塘先生吉普車十七輛、軍械車五輛，派袁守謙先生吉普車五輛、軍械車五輛，派陳副總司令吉普車七輛、軍械車一輛。 二、共派出四十輛，刻已收回大部，轉撥部隊。

日期：三十五年十一月十八日

會報次數：第二十五次

事件	已否辦理	已辦尚未完成原因
主席（劉次長代）指示： 一、軍官總隊長會議照所擬辦法辦理，惟人事、經理糾紛極多，有關單位注意準備（人力計劃司、第一廳、第五廳、副官處、預算局、財務署、經理署、中訓團）。 承辦單位：本部人事各單位	有關第一科廳遵即準備，並於卅五年十二月中訓團召集總隊長會議時分別決議照辦矣。	
議決： 第一廳提案擬具刊發本部各單位印章辦法提請公決案，經議決： 參謀部各單位應以總長名義對外行文，屬於各廳局之單位無需刊發印章。 承辦單位：第一廳	業經遵照規定辦理。	
主席（劉次長代）指示： 一、參謀部各單位應主動負責推行各種業務。 承辦單位：本部各單位	隨即轉飭所屬一體遵照。	
在此政治與軍事極端矛盾之際，二、三廳應注意研究如停戰後我軍因被動而受損失，則軍事策略應加重新考慮，俾不失主動地位。 承辦單位：二廳	已辦。	
以前各戰區長官部、綏署及總司令部結束時期查明告知中訓團，以便考核請求收訓隊員離職證書真偽。 承辦單位：第三廳	已遵查明列表，以戌養戰謀一整■代電附送總長辦公室轉中訓團查照。	
吳淞營地本部如不必要，可讓行政院利用，由第三廳與海軍總部會簽呈核。 承辦單位：第三廳、海軍總部	已由海軍總部及工程署簽具意見，因吳淞營地係屬要塞範圍，且不敷用，不能撥讓，經移四廳主稿對該營地擬予保留備用，並於一月十四日送本廳會章簽請核示在案。	

事件	已否辦理	已辦尚未完成原因
停戰命令後，匪軍利用此機頻向國軍進攻，第三廳應隨時判斷情況，適時適切指示各部隊之行動，匪如向國軍進攻，陸海空軍應切取連繫協同作戰。 承辦單位：第三廳	已遵示辦理。	
在此政治與軍事極端矛盾之際，二、三兩廳應注意研究如停戰後我軍因被動而受損失，則軍事策略應加重新考慮，俾不失主動地位。 承辦單位：第二、三廳	已遵示辦理。	
參謀次長劉指示： 1. 以前各戰區長官部、綏署結束時期由三、五廳查明抄送中訓團。 2. 關於審計業務，因屬執行階層之聯勤總部財務署負責，計劃階層之幕僚機關反而無審計單位，以是運用審計非常不便，致未推行，此次檢討本部組織與職掌時應加入研究解決（第五廳、預算局、財務署辦）。 承辦單位：第五廳	已抄送在案。 已提綜合檢討委員會。	
次長劉指示： 軍官總隊長會議照所擬辦理，惟人事、經理糾紛極多，有關單位注意準備。 承辦單位：預算局	已辦。	
對被服、糧秣、彈藥之補充準備不可鬆懈。 承辦單位：監察局	已通知聯勤總部積極辦理。	
軍官總隊長會議照所擬辦理，惟人事、經理糾紛極多，有關單位注意準備。 承辦單位：副官處	已遵照辦理。	
咸寧艦本月十四日在芝罘島附近發現可疑兵艦由，奉指示應以迅捷方法向外交部查詢蘇聯曾否通知我國有船行駛渤海海岸情形。 承辦單位：海軍總司令部	經詢外交部函稱，該案經電詢平津特派員辦公署，據復稱當即密洽津海關稅務司探悉寒日並無蘇輪入口。	

事件	已否辦理	已辦尚未完成原因
吳淞當地本部如不必要，可讓行政院利用，由三廳與海總部會簽呈核。 承辦單位：海軍總司令部	遵已簽註意見應予保留，並於三十五年十二月五日函移第三廳主辦賜會。	
指示： 1. 赴日佔領軍之補給仍應準備。 2. 準備赴日之裝備現時不能撥用。 承辦單位：經理署	佔領軍服裝業已準備妥善，俟將來決定開撥時配發。	
中訓團報告： 1. 召集軍官總隊長會議擬月底舉行。 指示： 1. 軍官總隊長會議照所擬辦法，惟人事、經理糾紛極多，有關單位注意準備。 承辦單位：經理署	各軍官總隊服裝已按規定配發齊全，間有不明實際情況而發生糾紛者，亦有分別核復有案。	
指示事項： 二、停戰令下後，匪軍利用此機頻向國軍進攻，茲指示兩點希注意遵辦： 1.（略）。 2. 聯勤總部對被服、糧秣、彈藥之補充準備不可鬆懈。 承辦單位：經理署	各部隊所缺服裝已遵令隨時依據需要補充。	
六、中訓團報告： 1. 召集軍官總隊長會議擬月底舉行。 指示： 1. 軍官總隊長會議照所擬辦理，惟人事、經理糾紛極多，有關單位注意準備。 承辦單位：財務署	已辦。	

事件	已否辦理	已辦尚未完成原因
八、預算局報告： 1. 追加預算，現均一面呈主席，一面呈行政院，似與行政系統不合。 2. 各單位辦理有關預算案件，擬請均先會預算局。 3. 辦理追加預算時，請各單位切實調查各地物價，俾符實際。 指示： 1. 追加預算應按行政系統，先向行政院請求，如有困難時，始呈主席。 2. 以後各單位凡屬預算案應交預算局或會同預算局辦理。 3. 各單位所請追加預算案，由預算局審核，各地物價，由預算局利用聯勤總部補給機構及有關行政機關，逐月調查備用。 4. 關於審計業務，因屬執行階層之聯勤總部財務署負責，計劃階層之幕僚機關，反而無審計單位，以是運用審計，非常不便，致未推行，此次檢討本部組織與職掌時，應加入研究解決。 承辦單位：財務署	一、二、三項已遵辦。 四項正由第五廳審議中。	
肆、指示事項 二、停戰令下後，匪軍利用此機頻向國軍進攻，茲指示兩點，希注意遵辦： 1.（略）。 2. 聯勤總部對被服、糧秣、彈藥之補充準備不可鬆懈。 承辦單位：兵工署	各補給區兵站屯彈均就庫儲狀況及視各方需要隨時運補，並於每週列表分呈有案。	
肆、指示事項 一、作戰部隊不知節省彈藥，聯勤總部應切實告誡。 承辦單位：兵工署	已辦亥銑器外供代電各行轅、綏署、戰區查照，並飭各補給區遵照矣。	

事件	已否辦理	已辦尚未完成原因
中訓團報告： 4. 上海水電路分團地點，駐有汽車十一營及新六軍留守處等部仍未移出，請聯勤總部速飭移讓，以便開學。 指示： 4. 上海中訓分團地址，聯勤總部速飭駐用單位移出。 承辦單位：工程署		4. 業經迭次令飭第一補給區轉飭各該駐用單位遷讓各在案，前據報稱略以已商配辦理遷讓矣。
指示： 1. 營房分配命令，由總長辦公室會工程署辦理。 2. 吳淞營地，本部如不必要，可讓行政院利用，由三廳與海軍總部會簽呈核。 承辦單位：工程署	1. 本項於奉到會報紀錄通知後，業經遵辦。 2. 本案於三十五年十二月二十八日遷移，第三廳會簽辦理。	
四、聯勤總部報告： 1. 六十七師（榮二師）原派為駐日佔領軍，曾請美方供應物品，現美方要求先期撥五百萬美金以本部戶名存放美方為佔領軍補給基金，按季支用，現六十七師是否仍須赴日？此事應否辦理？ 2. 六十七師請撥發備作該師赴日時應用之裝備，是否照撥？ 指示： 1. 赴日佔領軍之補給仍應準備。 2. 準備赴日之裝備，現時不能撥用。 承辦單位：運輸署	已辦。	
肆、指示事項： 五、本部電燈線路年久失修，易釀火災，由特勤處整個加以檢查，予以修理，並酌置滅火機，以防萬一。 承辦單位：特種勤務處		（一）整修本部電燈線路，經估數達九千八百萬元之鉅，經移准工程署箋復「因卅五年無款撥支」，故從緩辦理。 （二）裝置滅火機一案，經函請工程署配發去後，准該處電復「俟自西安運到後即行配發」，本處復電請就地購買，迄未見復。

事件	已否辦理	已辦尚未完成原因
一、重慶失業軍官不合收訓規定人員聚眾包圍分團，請示如何制止（中訓團報告）。 代主席劉次長指示： 渝失業軍官聚眾搗亂，應電行轅負責制止，由中訓團擬稿送核。 承辦單位：中訓團擬	已辦。	

日期：三十五年十二月二日
會報次數：第二十六次

事件	已否辦理	已辦尚未完成原因
議決： 一、擬定新成立單位選派人員原則（第一廳提），經議決通過只適用於陸軍，由第一廳呈總長核示，海空軍目前人事業務狀況不同，可予緩辦。 承辦單位：第一廳	遵於卅五年十二月十四日簽請總長核示，並奉批分報主席蔣、部長白備案，亦經遵照辦理完竣。	
劃分匪軍投誠被俘除理業務案。 承辦單位：二廳	已辦。	
參謀次長劉指示： 渝失業軍官不必再設審查，由郭廳長會同蕭參謀長、渝中訓分團李主任及聯勤總部高處長會商遣送辦法，迅速辦理。 承辦單位：第五廳	經以（卅五）亥微代電飭渝中訓分團第二補給區利用士兵復員還鄉及補給機關代為購妥車船票，並發旅費遣送回籍。	

事件	已否辦理	已辦尚未完成原因
指示事項： 一、保安局嗣後對各省有關保安部隊之地方行政事項，可移歸內政部處理。 承辦單位：保安局	已遵照指示辦理。	江西省餘干及分宜兩縣民眾械鬥，前該省曾派遣保安部隊赴肇事地點彈壓，拖延至三月餘之久，迄未能和平解決，經簽奉批「本案屬地方政治範圍，可將本部意見商請內政部負責辦理」等因，正擬辦間，復據該省保安司令部電告分宜與餘干兩縣械鬥已告平息等情，似暫無函請內政部辦理之必要，經簽准「可」！
軍官總隊紀律問題，有關單位迅速注意糾正。 承辦單位：監察局	已分別通報中訓團、第一、五廳遵照指示，注意糾正。	
海軍佔領西沙群島應以書面報告經過。 承辦單位：海軍總司令部	已辦。	
我駐聯合國軍事參謀團代表團經費，何團長來電，謂發匯過遲，第二廳與財務署注意，以後應提前先匯，財務署並承辦覆電，說明過去請領外匯時間難期迅速之情形。 承辦單位：財務署	已辦（第二廳主辦）。	
肆、指示事項 二、渝失業軍官，不必再度審查，由五廳郭廳長會同行轅蕭參謀長、渝中訓分團李主任及聯勤總部高處長會商遣送辦法，迅速處理。 承辦單位：聯勤總部		二、已遵照指示擬具運送辦法，以亥侵務置電飭第四補給區限於卅五年十二月底辦竣，並以三六子冊電催報辦理情形，尚未據報。
一、軍官總隊在杭州車站肇事情形「略」（憲兵司令部報告）。 主席指示： 軍官總隊紀律問題，有關單位（中訓團、第一廳、第五廳、監察局）迅速注意糾正。 承辦單位：中訓團、第一、五廳、監察局辦	一、軍官總隊在杭車站肇事起因係要求調換車輛引起糾紛，經憲兵團調解已了案。	

日期：三十五年十二月九日
會報次數：第二十七次

事件	已否辦理	已辦尚未完成原因	未辦原因
查各級對計劃與命令之性質分別不清，上級之計劃不應層層全部轉達，不但不能保密，最下級一次奉到最上級之整個計劃亦屬無用，應根據計劃步驟逐次化為命令，適時下達，今後對參謀教育須特別注意。 承辦單位：二廳	已辦。		
新聞局報告此次充任師團管區人員以破壞役政之反宣傳甚多，請求政工人員協助，是否可以酌派一案，奉指示能就現有人力（素質）、財力而不增加預算，應予照派，可報告總長決定。 承辦單位：新聞局			現各級政治部奉命改組為新聞（訓導）機構，師管區成立新聞機購案，擬俟改組完畢後再行斟酌實際需要情況簽呈核定。
三十五年度即將終了，各單應自行舉行業務檢討，將一年中之工作作一清算與結束。 承辦單位：副官處	業已自行分層舉行檢討完畢。		
旅順應否組中蘇海軍軍事委員會，即洽外交部提出，供其參考。 承辦單位：海軍總司令部		正洽議中。	
總長辦公室報告： 各軍官總隊退役退職人事，限十二月底以前辦理完竣，中央所派各督導官，均已到達各總隊督促辦理中，惟據報（一）退役（職）所需經費，各補給區有尚未撥付足數者，（二）交通工作缺乏，有已辦理退役（職）手續不能離隊者，擬請中訓團、第五廳、服役業務處及運輸、財務署各有關單位會商解決上項困難，以期如限完成。 指示： 各有關單位應主動的負責處理。 承辦單位：財務署			經費部分係由服役業務處主管。

事件	已否辦理	已辦 尚未完成原因	未辦原因
三、總長辦公室報告： 　　各軍官總隊退役退職人事，限十二月底以前辦理完竣，中央所派各督導官，均已到達各總隊督促辦理中，惟據報（一）退役（職）所需經費，各補給區有尚未撥付足數者，（二）交通工作缺乏，有已辦理退役（職）手續不能離隊者，擬請中訓團、第五廳、服役業務處及運輸、財務署各有關單位會商解決上項困難，以期如限完成。 指示： 各有關單位應主動的負責處理。 承辦單位：運輸署	已辦。		
一、各軍官總隊退役退職人事，限十二月底以前辦理完竣，中央所派各督導官，均已到達各總隊督促辦理中，惟據報（一）退役（職）所需經費，各補給區有尚未撥付足數者，（二）交通工作缺乏，有已辦理退役（職）手續不能離隊者，擬請中訓團、第五廳、服役業務處及運輸、財務署各有關單位會商解決上項困難，以期如限完成。 主席指示： 各有關單位應主動的負責處理。 承辦單位：中訓團、第五廳、服役業務處及運輸、財務署辦	業經轉飭加緊辦理。		

日期：三十五年十二月十六日

會報次數：第二十八次

事件	已否辦理	已辦尚未完成原因
議決： 一、為復員及無職軍官佐之收訓辦法，明年元旦起應行修正（第一廳提），經議決通過並呈報總長核示。 承辦單位：第一廳	遵於卅五年十二月廿五簽請總長核定並分令中訓團及畢業生調查處會商辦理。	
綏靖作戰，凡要點自須堅決固守，但次要者不妨給予綏署以活動之餘地，蓋如不分輕重，逐處均須固，則用兵即失機動，無集中優勢兵力之機會，反致為匪所乘，剿匪勝利關健不在城鎮得失，而在求匪主力殲滅。 承辦單位：第三廳辦	本處承辦策定各種計劃時，均係此種著眼，今後■隨時注意遵辦。	
花園堵口明年一月中旬可以復堤，此後黃河改歸舊道，戰略地形發生變動，在作戰指導上注意新的事實，以求適應。 承辦單位：第三廳辦	據顧主任九月五日函稱，黃河堵口工程聯總顧問塔德應中共要求中央速撥下游河床居民救濟費，請將堵口工程暫緩進行，塔德於一月五日將亥感放行之口門堵閉赴滬請示，除令朱光彩勸該顧問繼續工作外，擬請中央設法等由，本處遵總長批將該函抄件分呈部長、院長察閱。	
陸軍顧總司令報告： 3. 黃河氾濫區中之散匪，頃計劃以五團兵力為基幹配合地方團隊搜繳，該區內無糧可購，請將代金改發現品。又地區遼闊，部隊復少，全賴機動，頃已徵集汽車若干，請發汽油二千五百加侖使用（聯勤總部辦） 承辦單位：經理署	軍糧一項已飭馮、谷兩總監妥為運輸現品補給，分電薛、顏兩主任查明並呈報總長。	

事件	已否辦理	已辦尚未完成原因
指示事項： 四、部隊眷糧仍應發給，其他則以調查統計一時不易明確，稍緩辦理。 承辦單位：經理署		遵照主席核准五十萬人眷糧，迭向糧、財兩部交涉，迄無結果，復經糧部簽報行政院請示籌配辦法，奉院長從三字八一七號指令未予核准，現已簽報總長請飭財署及預算局指撥的款購買眷糧補給。
肆、指示事項 第四補給區送昆明十六年軍官總隊受訓人員，超過原報人數甚多，似有冒濫情形；再補給區留用退役（職）金案，併由聯勤總部、第一廳、服役業務處派員會同前往澈查。 承辦單位：財務署	已辦（第四補給區清發）。	
五、陸軍顧總司令報告： 3. 黃河氾濫區中之散匪，頃計劃以五團兵力為基幹，配合地方團隊搜剿，該區內無糧可購，請將代金改發現品；又地區遼闊，部隊復少，全賴機動，頃已徵集汽車若干，請發汽油二千五百加侖使用。（聯勤總部辦） 承辦單位：運輸署	已辦。	

日期：三十五年十二月三十日

會報次數：第二十九次

事件	已否辦理	已辦尚未完成原因
次長劉指示： 關於明年度預算問題另由林次長召集會議。 承辦單位：預算局	已辦。	
現有低階空軍人員脫離空軍總部後到國防部各單位任高階職務，此於人事管理有礙，應請制止。 承辦單位：副官處	本處於審核人事任免案件時已嚴密注意，以行制止。	
（一）傘兵總隊內之青年軍千人退役問題。 （二）憲兵中之青年軍退役問題。 （三）卅六年度青中青職之經費預算未列入，亦未另增列問題。 承辦單位：預管處	已與傘兵總隊會辦。 已與憲兵司令部洽辦。	已呈請增列其辦法，正進行中。
傘兵總隊之青年志願兵退伍案。 承辦單位：空軍總部	本案經詳加研究與調查，擬按其志願准予退伍。	志願兵一〇七一名，除志願留營者外，應准退役九一〇名，現本部已決定以三十六年二月底為退伍日期，至此批志願兵退役後是否依照缺額招補，正具文請示中。
三、本部上校以上正副主官，擬請予技術訓練，嗣後憑駕駛執照行車，以策安全案。 決議：照辦。 承辦單位：運輸署	已辦。	

民國史料 71

國防部參謀會報紀錄
（1946）

General Staff Meeting Minutes,
Ministry of National Defense, 1946

主　　編　陳佑慎
總 編 輯　陳新林、呂芳上
執行編輯　林弘毅
助理編輯　李承恩、詹鈞誌
封面設計　溫心忻
排　　版　溫心忻、施宜伶

出　　版　🛡 開源書局出版有限公司
　　　　　香港金鐘夏慤道 18 號海富中心
　　　　　1 座 26 樓 06 室
　　　　　TEL：+852-35860995

　　　　 民國歷史文化學社 有限公司
　　　　　10646 台北市大安區羅斯福路三段
　　　　　　　　37 號 7 樓之 1
　　　　　TEL：+886-2-2369-6912
　　　　　FAX：+886-2-2369-6990

初版一刷　2022 年 6 月 30 日
定　　價　新台幣 400 元
　　　　　港　幣 110 元
　　　　　美　元 15 元
Ｉ Ｓ Ｂ Ｎ　978-626-7157-26-8
印　　刷　長達印刷有限公司
　　　　　台北市西園路二段 50 巷 4 弄 21 號
　　　　　TEL：+886-2-2304-0488

http://www.rchcs.com.tw

版權所有 · 翻印必究
如有破損、缺頁或裝訂錯誤
請寄回民國歷史文化學社有限公司更換

國家圖書館出版品預行編目 (CIP) 資料
國防部參謀會報紀錄 (1946) = General staff
meeting minutes, Ministry of National Defense,
1946/ 陳佑慎主編 . -- 初版 . -- 臺北市 : 民國歷史
文化學社有限公司 , 2022.06
　面；　公分 . -- (民國史料 ; 71)

ISBN 978-626-7157-26-8　(平裝)

1.CST: 國防部　2.CST: 軍事行政　3.CST: 會議實錄

591.22　　　　　　　　　　　　111009137